上海市经济和信息化委员会资助项目

软件技术发展趋势研究

朱仲英　等 编著

上海交通大學出版社

内 容 提 要

本书是对于软件技术发展现状与趋势的分析、研究及判断，是上海市经济和信息化委员会2009年度软件专项基金项目“最新软件技术发展趋势研究”课题组和一个团队，调查研究与学术研讨的成果。其创新点在于比较全面而准确地概括了当前和未来一段时期国内外软件技术发展趋势，并据此提出了上海市软件技术及产业发展的对策建议。可供软件从业人员及政府相关部门作决策参考。

图书在版编目(CIP)数据

软件技术发展趋势研究/朱仲英等编著. —上海：上海交通大学出版社，2011

ISBN 978-7-313-06958-0

Ⅰ. 软… Ⅱ. 朱… Ⅲ. 软件—技术发展—研究 Ⅳ. TP31

中国版本图书馆CIP数据核字(2010)第225303号

软件技术发展趋势研究

朱仲英 等编著

上海交通大学出版社出版发行

(上海市番禺路951号 邮政编码200030)

电话：64071208 出版人：韩建民

上海交大印务有限公司 印刷 全国新华书店经销

开本：787mm×960mm 1/16 印张：9.25 字数：167千字

2011年1月第1版 2011年1月第1次印刷

印数：1～2030

ISBN 978-7-313-06958-0/TP 定价：50.00元

“最新软件技术发展趋势研究”项目组

项目总指导

何友声　中国工程院院士、上海交通大学教授、博士生导师

邵志清　上海市经济和信息化委员会副主任、教授、博士生导师

吴启迪　全国人大常委会常委、原教育部副部长、教授、博士生导师

组长

朱仲英　上海交通大学电子信息学院教授、博士生导师

组员

尤晋元　上海交通大学电子信息学院教授、博士生导师

虞慧群　华东理工大学计算机科学系主任、教授、博士生导师

高毓乾　上海市软件园办公室高级工程师

汪　镭　同济大学电子与信息工程学院教授、博士生导师

李光亚　万达信息股份有限公司副总裁、教授级高级工程师

黄国兴　华东师范大学软件学院教授

“最新软件技术发展趋势研究”项目评审专家

邵世煌　东华大学信息科学与技术学院教授、博士生导师

王景寅　上海计算技术研究所研究员

严隽薇　同济大学电子与信息工程学院教授、博士生导师

序　言

软件技术是信息技术产业的核心之一，也是软件产业、信息化应用的重要基础。当前，信息技术正处于新一轮重大技术突破的前夜，科学技术进步与时俱进，日新月异，为了有效地推动我国软件技术与产业的发展，深入地研究软件技术发展现状，准确地把握软件技术发展趋势，是至关重要的。

上海市微型电脑应用学会受上海市经济和信息化委员会委托，组织了一支精干的专家研究团队，历时10个月，专心致志地潜心研究软件技术发展趋势，取得了创新性的研究成果。通过对国内外软件技术与产业发展现状的分析，对影响软件技术发展的主要因素的分析，准确地把握近期软件技术发展趋势是以网络化、融合化、可信化、智能化、工程化与服务化为特征，并且呈现出新特点与新内涵。并重点分析了软件技术发展趋势的新特点与新内涵。在对上海市软件技术与产业的现状与特点进行分析后，提出了上海市软件技术及产业发展的对策建议。

该研究报告的信息数据全面可靠，内容充实切题，分析清晰严谨，综合判断准确，对策建议实事求是，具有较强的适用性、前瞻性、说服力和较高的学术水平，可供政府及有关部门决策时做咨询参考。

作为一个学术团体，能急政府之所急，组织专家全心全意地当好政府的参谋，为政府的决策咨询服务，这是值得大力倡导的。

我衷心祝愿上海市微型电脑应用学会继续与时俱进，自强不息，以自己的智慧，为社会为人民作出更大的贡献。

吴启迪

2010.10.

前　言

此书是上海市经济和信息化委员会委托上海市微型电脑应用学会承担的“2009 年度上海市软件和集成电路产业发展专项资金项目”——“最新软件技术发展趋势研究”的研究成果。

一、项目背景

2008 年 9 月 10 日，上海市信息化委员会副主任邵志清教授与上海市微型电脑应用学会理事长何友声院士、副理事长兼秘书长朱仲英教授会面，进行调研与指导学会工作，他希望学会协助市信息委开展产学研、信息化建设和信息服务对策与标准等专题调研工作。随后，根据上海市信息化委员会“关于开展 2009 年度软件和集成电路产业发展专项资金项目申报工作的通知”的要求，学会组织了以组长朱仲英教授，组员尤晋元教授、虞慧群教授、高毓乾高工、汪镭教授、李光亚教授级高工与黄国兴教授等 7 位专家组成的项目申报组，对拟申报项目“软件产业中技术发展趋势研究”的必要性和可行性做了论证，于 2008 年 10 月上旬启动项目申报，10 月 13 日朱仲英教授和高毓乾高工代表项目申报组参加了由市信息委主持的专家评审答辩会，并顺利通过了答辩。此后，即开始启动项目研究工作。

2009 年 10 月 12 日，上海市经济和信息化委员会召开专项工作管理会议，并下达“2009 年度上海市软件和集成电路产业发展专项资金项目”立项通知书，项目名称为“最新软件技术发展趋势研究”(编号：090205)。

二、研究目的和意义

软件产业是国民经济的基础性、先导性与战略性产业，是信息产业的核心和灵魂。软件产业的发展水平是衡量一个国家和地区现代化水平与综合实力的重要标志。我国软件产业自 2000 年后进入快速发展期，以年均超过 30％的速度高速增长，2009 年中国软件产业规模达到 9 513 亿元，预计 2010 年的目标规模将为 10 000 亿元，市场发展前景广阔。

但是，从总体规模、全球市场占比、产业结构、核心竞争力等方面看，我国软件产业仍存在诸多问题，与我国国民经济和社会发展的需要相比仍有较大差距；对软件技术发展趋势的研究不够。因此，必须抓住当前全球软件技术产业转型的机遇，深入分析国内外软件技术与产业发展的趋势与特点，探索加速我国软件技术与产业发展的路径与对策，并通过开拓国际市场，尽快做大做强我国软件产业，为自主创新和产业竞争力全面提升奠定良好的基础。项目组通过组织有关专家，对国内外和上海市软件技术产业的发展现状与趋势进行调查研究，分析上海市软件技术产业发展的特点与规律，提出今后几年上海市软件技术与产业的重点发展方向和对策建议，作为上海市政府相关部门决策和规划参考。

三、研究过程(4个阶段)

1. 项目立项前研究准备阶段(2008.12～2009.10)

2008年12月14日，上海市微型电脑应用学会举行学术年会，中国科学院院士、华东师范大学软件学院院长何积丰教授做“IT前沿技术”报告，中国工程院院士、上海交通大学陈亚珠教授做“数字医学工程的发展与展望”报告，上海交通大学副校长张文军教授做“我国数字电视的发展与展望”报告。

2009年2月8日，举行学术报告会，上海市经济和信息化委员会副主任邵志清教授做“上海市信息产业发展情况”报告。

2. 项目立项后主体研究阶段(2009.10～2010.6)

2009年10月16日，举行“软件技术发展趋势”研讨会，邵志清教授做“上海市软件现状与发展趋势”报告，严隽薇教授做“软件产业中技术发展趋势”报告，微软公司代表做“微软云计算技术介绍”报告。

2009年11月29日，举行项目开题专家评议会，由组长邵世煌教授，组员王景寅研究员、严隽薇教授组成专家组；邵世煌教授主持开题评议会，项目组长朱仲英教授做“项目背景与近期项目进展”和“最新软件技术发展趋势研究”项目研究提纲汇报；经专家组认真评议后，通过了项目开题评议。

2009年12月～2010年3月，项目组在详细讨论、修改研究提纲的基础上，进行了分工收集资料、调查研究和撰写初稿工作，并于3月份分别交付了各自撰写的初稿。然后，邀请相关专家对初稿进行了评议。

2010年2月21日，举行学术报告会，邵志清教授做“上海信息服务业发展情况介绍”报告。

从2010年4～6月，项目组举行了四次专题研讨会，对每个专题进行了深入的研讨：

2010年4月18日，举行“基础软件技术发展新趋势”专题研讨会。市经信委软件和信息服务处何炜调研员、王景寅研究员等出席。虞慧群教授做“基础软件技术发展新趋势”主题报告，从各类基础软件的功能需求、设计方法等方面出发，探讨了现有的主流开发技术及未来的发展趋势。并通过分析现有部分国产软件系统典型的应用，揭示我国基础软件发展的现状和难题。与会专家认为基础软件是推动我国信息技术发展的核心技术和产业基础之一。长期以来，基础软件的高端技术和产业，一直被国外企业所垄断。我国的优势在于有巨大的应用规模和内需市场，这种趋势给我国发挥后发优势、发展基础软件、形成自主完整的软件产业体系带来了机遇。

2010年4月29日,举行“物联网和软件工程技术发展新趋势”专题研讨会。何友声院士、邵世煌教授等出席。李光亚教授级高工做“物联网和软件工程技术发展新趋势”主题报告,陈章龙教授做“从物联网谈嵌入式软件的发展”报告。与会专家认为物联网是继计算机、互联网和移动通信之后引发新一轮信息产业浪潮的核心领域,已成为国际新一轮信息技术和产业竞争的关键点和制高点。世界发达国家都在加大研发投入,力图抢占科技制高点,这对我国是严峻的挑战。同时认为应当着眼于长远发展战略,全面规划布局,集中攻克关键技术,扎实地从技术研发,示范应用做起,逐渐形成我国物联网的核心技术和规模产业。

2010年5月22日,举行“软件智能化发展趋势与智慧地球”专题研讨会。何友声院士、何炜调研员等出席。汪镭教授做“最新人工智能软件技术发展趋势”主题报告,分析了计算机视觉、逻辑推理与定理证明、自然语言处理、智能信息检索技术、专家系统、模式识别、机器学习、人工神经网络、智能决策支持系统、模糊控制、自然计算等11种技术发展趋势,指出软件智能化将是未来软件发展的一个重要方向。邵世煌教授做“后智能技术研究展望”发言,分析了后智能技术与后智能计算的研究背景,自然计算等智能技术与智能计算的新拓展,量子计算机、DNA计算机、自然生命、巨型大系统等新进展;提出在开展应用研究基础上进行后智能技术与后智能计算的研究。朱仲英教授做“关于软件智能化与智慧地球的思考”发言,分析“信息—知识—智能转换”将成为人工智能理论统一的基础;提出智能、情感、意识、认知之间将走向融合的发展趋势;分析当前人工智能应用研究热点:数据挖掘、知识实现与智能接口技术;提出要关注软件智能化发展的新趋势和知识工程、知识库、“知件”、“软件人”、“智幻体”、脑智慧提取与智慧地球等前沿技术的进展与趋势。与会专家认为智能科学技术经过半个世纪的发展,在理论和应用方面都取得了重大进展,表明智能科学技术是现代科学技术中最广阔、最丰富、最有潜力的领域,软件智能化是软件技术发展的重要趋势之一。

2010年6月27日,举行“软件技术与产业发展趋势研究”专题研讨会。何炜调研员、邵世煌教授等出席。高毓乾高工做“国内外软件技术与产业发展现状分析与对策”主题报告,分析国内外软件技术与产业发展现状后,提出上海市软件产业面临的挑战和机遇,提出了对策建议。朱仲英教授做“软件技术发展趋势研究”主题报告,分析影响软件技术与产业发展的主要因素和国内外有关权威机构和专家的主要观点后,提出当前软件技术与产业正加快向网络化、融合化、可信化、智能化、工程化与服务化方向发展的趋势,并分析了各种发展趋势的新内涵与新特点。与会专家认为随着应用需求的日益增长,科学技术的快速发展,硬件计算环境的不断变迁升级,促进了软件技术与产业的不断发展。目前,硬件计算环境的新变化,如

"云计算"、"无线网"、"物联网"、"泛在网"、"智慧地球"等,必然导致软件为适应这种变化,而产生巨大的发展。认为应结合上海经济建设和IT发展的实际情况,正确把握当代软件技术与产业的发展趋势,为上海经济结构转型和可持续发展服务。

3. 项目总结撰写阶段(2010.7～2010.8)

2010年7～8月,项目组进入精细化研究总结阶段,根据专题研讨会研讨情况,以及多次征求评审专家和项目组成员意见的基础上,对主体研究报告和7份分研究报告进行了反复地精细地修改,基本上完成了可供验收的研究报告文稿。

4. 项目验收阶段(2010.9)

2010年9月26日,举行"最新软件技术发展趋势研究"验收会,市经信委软件与信息服务业处处长朱宗尧,市互联网经济咨询中心项目评估和管理部主任吴剑栋,资深咨询师邱静峰,验收专家组组长邵世煌教授,组员王景寅研究员、严隽薇教授,项目组组长朱仲英教授,组员尤晋元教授、高毓乾高工、汪镭教授、黄国兴教授等出席。验收组听取了高毓乾高工的"项目总结报告"、朱仲英教授的"项目技术报告"后,经认真讨论,形成了验收意见。认为,该研究报告取得了创新性的研究成果,其所依据的信息数据全面可靠,内容丰富充实,分析清晰严谨,判断客观准确,对策建议实事求是,具有针对性、前瞻性、适用性,可供政府及有关部门决策时咨询参考。项目研究过程中,在中国科技核心期刊上发表论文7篇,在学术上也达到较高水平。同意通过验收。最后,朱宗尧处长代表市经信委讲话,表扬项目组工作十分认真,项目研究达到了预期目标。

四、主要研究成果

1. 主体研究报告

"最新软件技术发展趋势研究"项目技术报告,由朱仲英统稿执笔撰写。

2. 分研究报告

(1)"软件技术发展现状研究",由高毓乾执笔撰写;

(2)"软件技术发展趋势研究",由朱仲英执笔撰写;

(3)"基础软件技术发展趋势研究",由虞慧群执笔撰写;

(4)"软件工程若干技术发展新趋势研究",由李光亚执笔撰写;

(5)"物联网软件技术发展新趋势研究",由李光亚执笔撰写;

(6)"自然计算发展趋势与应用研究",由汪镭执笔撰写;

(7)"软件人才现状分析与对策",由黄国兴执笔撰写。

3. 在中国科技核心期刊上发表学术论文7篇

(1) 朱仲英.传感网与物联网的进展与趋势[J].微型电脑应用,2010,(1).

(2) 汪镭,等.自然计算发展趋势研究[J].微型电脑应用,2010,(7).

(3) 虞慧群,等.基础软件发展趋势研究[J].微型电脑应用,2010,(8).

(4) 朱仲英，等. 软件技术发展趋势研究[J]. 微型电脑应用，2010，(9).

(5) 汪镭，等. 自然计算在九大高新技术领域的应用[J]. 微型电脑应用，2010，(10).

(6) 李光亚. 软件工程若干技术发展新趋势研究[J]. 微型电脑应用，2010，(11).

(7) 高毓乾. 软件技术发展现状研究[J]. 微型电脑应用，2010，(12).

五、致谢

本项目立项以来，得到了何友声院士、邵志清教授、吴启迪教授、邵世煌教授、王景寅研究员、严隽薇教授与何炜调研员的悉心指导。何友声院士高度重视项目申报立项和研究过程，不仅及时地给予有效指导，而且多次亲自参加专题研讨会，对研究报告文稿进行认真的审阅，提出了十分有价值的意见与建议。邵志清教授做了三次"上海市软件与软件服务现状与政策走向"的专题报告，并及时地给予有效的指导，不仅为项目研究提供第一手的翔实的资料，而且丰富了我们对项目的认识；在项目研究过程中，多次及时了解研究进展情况，并致函表示慰问与感谢，来函称，课题组的工作是非常认真的，成果也是显著的。吴启迪教授在百忙之中，详细地审阅了全书，并欣然作序，给予勉励，这些都使项目研究人员深受鼓舞。邵世煌教授、王景寅研究员、严隽薇教授等多次参加专题研讨会，并亲自对研究报告文稿进行认真的评审，提出了很有价值的指导性意见与建议。此外，IT 企业家吴红泉高工、陈章龙教授也多次参加专题研讨会，提供了有关文献资料。在此，一并表示衷心的感谢！

项目组成员怀着认真的态度，专心地投入项目的调查研究，我们研究的重点放在综合分析当代软件技术发展趋势的新内涵与新特点，力图作出比较理性的综合判断。在市经信委领导下，在专家们悉心指导下，项目研究取得了一定的成果，这是项目组成员和所有关心、参与课题研讨的专家们辛勤工作和集体智慧的结晶。期望本研究能对上海市乃至我国的软件技术与产业或软件服务的发展有所助益。准确地预见未来软件技术的发展趋势是一件困难的事情，鉴于所讨论的问题涉及面广，且限于我们所掌握的材料、自身认识和判断的局限性，殷切期望关心软件技术发展的同仁们进行共同探讨并赐教。

"最新软件技术发展趋势研究"项目组

2010 年 10 月 18 日

项目验收报告

项目名称：最新软件技术发展趋势研究	
承担单位：上海市微型电脑应用学会	
验收小组意见：	2010年9月26日，上海市经济和信息化委员会组织专家对上海市微型电脑应用学会承担的“最新软件技术发展趋势研究”专项资金支持项目进行现场验收。验收专家听取了项目承担单位的项目总结报告和财务决算报告，审核了验收文件，并对照检查项目申报时提出的考核指标要求，对相关问题进行了质询。经认真讨论，形成如下意见： （1）该项目经过深入研究及多次研讨，提交的《研究报告》全面、客观地分析了国内外软件技术与产业发展现状和影响软件技术发展的主要因素，重点研究了近期软件技术发展的新趋势，指出近期软件技术发展新趋势是以网络化、融合化、可信化、智能化、工程化与服务化为特征，并呈现出新特点与新内涵，同时进行了详细诠释；在对上海市软件技术与产业的现状与特点进行分析后，提出了上海市软件技术及产业发展的对策建议。项目取得了创新性的研究成果，其所依据的数据全面可靠，内容丰富充实，分析清晰严谨，判断客观准确，对策建议实事求是，具有针对性、前瞻性、适用性，可供政府及有关部门决策时作咨询参考。项目研究过程中，在中国科技核心期刊上发表学术论文7篇，在学术上也达到较高水平。 （2）验收文件资料规范、齐全，符合项目验收要求。 综上意见，验收小组认为项目已完成计划任务书规定的研究内容和目标，同意通过验收。 验收小组组长： 组员： 2010年9月26日

目　录

第 1 章

“最新软件技术发展趋势研究”项目研究报告

“最新软件技术发展趋势研究”项目研究报告

朱仲英

摘　要　软件技术是信息技术产业的核心之一，也是软件产业、信息化应用的重要基础。当前，信息技术正处于新一轮重大技术突破的前夜，它将有力地推动信息产业、软件产业的发展，同时会对软件技术提出新的需求，也必将引发软件技术的重大变革。本项研究通过对国内外软件技术与产业现状的分析，以及对影响软件技术发展主要因素的分析，认为近期软件技术的发展趋势是以网络化、融合化、可信化、智能化、工程化、服务化为特征，并且呈现出新特点与新内涵，以适应软件产业对软件技术的新要求。文中重点诠释了软件技术发展趋势的新特点和新内涵。在对上海市软件及产业的现状与特点进行分析后，提出了上海市软件技术及产业发展的对策建议。最后指出，软件产业的发展必须以软件技术为基础，软件技术的发展必然以软件产业为动力。

关键词　软件技术；互联网；融合；智能；服务

Research on Recent Trends of Software Technology Development Project Technology Report

ZHU Zhong-ying

Abstract　Software technology is not only the core of information technology industry, but also the important foundation of software industry and information applications. Nowadays, information technology, which is on the eve of the breakthrough of a new round critical technology, will greatly push the information industry and software industry forward to new development, and put new requirements for software technology, and also certainly lead momentous changes in software technology. Through the analysis of the state-of-the-art of software technology and present development status of industry in both China and abroad, together with main factors of affecting software technology development, it is deemed that present software technology is quickening towards networking, convergence, trustworthy, intelligence, engineering and servicing. New features and new connotations of the trends of software technology development are interpreted in detail. After an analysis of the current development situation and features of software and industry in Shanghai, the countermeasures and advices for the software technology and industry development are proposed. Finally, it is pointed out that software technology serves as the foundation of software industry, while software industry is the driving force for development of software technology.

Key words Software Technology, Internet, Convergence, Intelligence, Service

引言

计算机软件是计算机系统执行某项任务所需的程序、数据及文档的集合,它是计算机系统的灵魂。从功能上看,计算机软件可以分为系统软件、支撑软件和应用软件。系统软件和支撑软件也称为基础软件,它是具有公共服务平台或应用开发平台功能的软件系统,其目的是为用户提供符合应用需求的计算服务。因此,应用需求和硬件技术发展是推动软件技术发展的动力。

软件技术是信息技术产业的核心之一,软件技术的发展是与信息技术产业的发展互相促进的。当今世界,信息技术正处于新一轮重大技术突破的前夜[1]。预计今后20～30年是信息科学技术的变革突破期,可能导致21世纪下半叶一场新的信息技术革命[2]。近年来,从IT界到一些国家首脑,都高度关注以物联网为标志的新一轮信息技术的发展态势,认为这是继20世纪80年代PC机、90年代互联网、移动通信网之后,将引发IT业突破性发展的第三次IT产业化浪潮。每一次重大的信息产业的变革,都会引起企业间、产业间甚至国家间竞争格局的重大变化,也促进了软件技术与软件产业的重大变革和发展。

2008年的国际金融危机,引发了各国抢占科技制高点的新技术革命,全球将进入空前创新密集和产业振兴的时代。软件产业和软件服务业因其具有知识密集、低能耗、无污染、高成长性、高附加值、高带动性、应用广泛与市场广阔的特点,而成为知识生产型、先导性、战略性的新兴产业,成为信息技术产业的核心和国民经济新的增长点,也成为世界各国竞争的焦点之一。

随着应用需求的日益增长、信息技术的迅速发展和计算机硬件环境的升级换代,信息化应用更为广泛深入,计算机网络技术,特别是互联网(Internet)及其应用的快速发展，使软件所面临的运行环境，从封闭、静态逐步走向开放、动态。为此，系统软件和支撑平台朝着基于Internet网络、基于构件的分布计算、基于网络环境的需求工程和新型中间件平台的方向转型与发展。网络操作系统、JAVA语言、中间件等的出现与发展就是明证。

现在，信息化应用环境正经历着新的变化，如“云计算”、“无线网”、“传感网”、“物联网”、“泛在网”、“智慧地球”等的出现与发展，必然导致软件技术为适应这种新变化，而发生巨大的变革与发展。同时，信息技术和人工智能技术的发展与融合，促使数据处理、信息处理向知识处理的阶段转型与发展。由此将催生新的软件技术与软件产业，这是值得密切关注的信息技术和软件技术发展的新趋势。

当前，我国进入了后PC时代，人们对计算需求更为广泛，软件应用“无处不在”，市场前景广阔；不久我国将成为全球最大的软件应用市场，足见我国发展软件技术的迫切性和重要性。

1 国内外软件技术与产业发展状况

1.1 国外软件技术与产业发展状况

1.1.1 国外软件产业发展状况[3][4]

在全球软件市场中，美国软件市场是发展最为成熟的市场，亚太软件市场是最有发展前途的市场。受国际金融危机影响，2009年全球软件与信息服务业持续下滑，美国、欧盟、日本等发达国家都出现负增长，而中国、印度等发展中国家继续保持增长，但增速趋缓，最终全球该年度软件及信息服务业产值出现－2%的负增长。2009年全球软件产业规模为9 857亿美元(其中美国占35.77%，降1.23%；欧盟占25.87%，降0.76%；日本占10.25%，降1.09%；中国从2008年占11.07%，上升到2009年占14.5%，达1 399亿美元，全球排名第三位，亚太第一位；印度占6.46%；韩国占2.38%；其他占5.07%)。预计2015年全球软件产业将达到15 124亿美元。NASSCOM预计，其中软件产品市场将由2008年的2 940亿美元增长到2015年的5 370亿美元。麦肯锡分析，2008年全球软件与信息服务外包市场为5 000亿美元，2020年整个软件与信息服务外包产业将达到15 000亿美元。

为了支持和发展本国的软件产业，不少国家与地区纷纷采取措施，助推本国软件产业的发展：

美国：共有软件企业80 000多家，世界500强软件企业前10位中有8家公司的总部设在美国，此外，还有成千上万家小型软件公司。美国软件企业发展模式：一是硅谷模式，这类企业以被大公司收购为创立目的，着重研发大公司产品欠缺的部分或有缺陷部分的补丁；二是市场引导模式，企业具有很强的市场推动能力，根据市场需求和空白开发产品；三是集成和销售模式，以提供解决方案为主，这种发展模式大大推动了美国软件产业发展。同时，政府在美国软件产业的发展中，提供大量支持研究和发展(R&D)的资金，还为多种形式的IT培训和教育提供补贴。

欧盟：启动E-Europe计划作为重大应用来带动软件产业的发展，并鼓励采取开放源代码软件来构筑基础架构，以期在未来软件产业竞争格局中占有先机。欧盟的软件产业涵盖了信息化应用、服务外包、网络软件、嵌入式应用等关键领域和重点产品。西欧软件企业特点是具有敏捷的反应能力，能迅速推出各种成套和工业化的解决方案满足用户个性化需求。同时，软件服务项目日趋丰富、企业资源外包业务增长迅速、网络娱乐软件换代频繁，形成了多极应用推动软件产业的发展态势。

日本：软件企业一般采用的是"经营-开发-后勤"的模式来从事软件开发，与中国国内的软件企业比较相似。它的"后勤"范围很广，包括后期维护、企业的员工培训和发展计划、系统审计、信息化、企业经营等。

印度：软件产业占据了整个IT产业总产值近80%的份额，软件出口占据了印度整个出口总额20.4%。培育出一批像Tata、Infosys等在国际上具有知名度和竞争力的软件大公司。还逐渐形成了一批软件科技园区和基地。

韩国、爱尔兰等国也纷纷提出了加大信息技术应用和培训新兴产业的战略。

1.1.2 国外软件技术发展状况

综合近年来美国网络和信息技术国家协调办公室、美国自然科学基金委、Gartner等国际IT权威机构发布的信息可知，当前国际上关注的IT前沿技术与需优先攻克的关键技术有10个方面[5][6]：

(1) 大规模网络体系：传感器网和互联网的高效融合。

(2) 高端计算(虚拟计算、网格计算、云计算、泛在计算)：资源聚合的有效性和可靠性检验。

(3) 系统芯片(集成芯片)：从片上系统(System on Chip) 转向按需芯片(Chip on Demand)。

(4) 软件工程：基于网络环境的需求工程。

(5) 知识处理(海量数据库和数据挖掘)：挖掘从信息到知识到决策的元知识。

(6) 高效系统：在高性能计算系统中特别关注高效能。

(7) 高可靠软件和系统。

(8) 移动和无线通信。

(9) 开放源码。

(10) 面向服务的体系结构(SOA)。

近期 Gartner 还发布了 2010 年及未来的技术趋势。其中，四大技术趋势为：社交化计算、传感计算、高级数据分析、云计算演进[5][6]。

以上各个方面几乎都是与软件技术直接或间接相关的，由此，足见软件技术的重要程度。

1.2 国内软件技术与产业发展状况[3][4][7]

1.2.1 软件产业规模迅速壮大成为国民经济基础性和先导性产业

改革开放三十年来，我国软件业从无到有、从小到大，现在已发展成为国家战略性先导产业，成为信息产业、先进制造业和现代服务业的核心产业。发展软件产业对于提升我国的产业竞争力，走新型工业化道路和确保国家安全，具有重要的战略意义。当前，经济全球化不断深入，信息化不断普及，全球范围内的信息产业结构调整和梯次转移日趋明显，为我国软件产业创造了良好的发展机遇[7]。

我国软件产业从 20 世纪 70 年代中期萌芽，80 年代起步，2000 年以后进入了快速发展阶段，产业规模以年均超过 30%的速度高速增长。2000 年我国软件产业规模达到 5 834 亿元，到 2009 年达到 9 513 亿元[3][4]，预计 2010 年的目标规模将为 10 000 亿元，届时在全国 GDP 中将达到 2%；初步形成了以北京、上海、江苏、杭州、济南等 11 个国家软件产业基地和天津、大连、深圳等 6 个国家软件出口基地为核心的软件产业发展集聚区[7]。我国软件产业在规模高速增长的同时，产业结构不断完善，逐步形成了软件科研和技术、基础软件和应用软件、软件增值服务、系统集成、嵌入式软件、IC 设计、软件应用、软件人才培养全面覆盖、产业链配置相对齐全、完整的产业结构体系；形成了一批拥有自主创新能力的软件企业集群，自主知识产权的操作系统、数据库、中间件、信息安全软件及办公套件等基础软件产品有所突破，已在电子政务、信息安全等领域得到应用[7]。激光照排、文档管理、信息安全、信息识别、游戏动漫及嵌入式等软件产品已进军国际市场。

1.2.2 我国软件产业发展已进入良性发展阶段

近年来，由于需求的驱动，科技的进步以及扶持政策的陆续出台，我国软件产业已步入良性发展阶段。其表现在：

(1) 软件产业产值稳定增长。2009 年我国软件产业保持快速增长的态势，累计完成软件业务收入 9 513 亿元，同比增长 25.6%，但增速比上年同期低 4.2 个百分点。

(2) 产业结构调整进展明显，软件技术服务成为新增长点。2009 年软件产品收入占据主体地位，累计完成收入 3 288 亿元，占软件产业总收入的 34.56%，同比增长 26.3%；软件技术服务增长迅猛，完成收入 2 126.3 亿元，同比增长 31.4%，增速比全行业高 5.8 个百分点，占软件产业总收入的 22.4%；嵌入式软件实现收入

1 673.6 亿元，同比增长 22.1%，IC 设计收入 222.2 亿元，同比增长 10.1%，系统集成收入 2 202.9 亿元。

(3) 软件出口快速增长。2009 年我国软件出口总额 185 亿美元，同比增长 14%。软件出口群体逐渐形成，外包层次不断加大，自主知识产权软件产品出口不断增多，出口价值链逐渐从低端向中高端转移。

(4) 软件人才从业人员增加。我国软件人才队伍不断发展壮大。截至 2009 年底，软件与信息服务业从业人员达到 300 万，软件人才培养培训体系逐步建立。

(5) 重点企业运行良好。以软件企业为主的技术创新不断取得突破，国产操作系统、数据库、中间件等重大项目的研发与产业化工作取得成效，国产软件产品及服务的市场竞争力有较明显提升。2009 年销售收入过亿元的软件企业已达 1 448 家(其中超百亿元的 3 家，达 5 亿～10 亿元的 135 家，达 1 亿～5 亿元的 158 家，达亿元的 1 152 家)[3][4]。

1.2.3 我国发展软件技术与产业存在的问题和面临的挑战

近年来，在国家政策的指导和扶植下，经过有关方面的努力，我国软件技术与产业规模有了长足的进步，但面对全球软件产业的迅速发展和日趋激烈的竞争态势，挑战依然严峻，其中最主要的是核心技术缺乏，科技创新与竞争力不强，不足以支撑软件产业的更迅速发展和应对挑战。

(1) 我国软件产业核心技术缺乏，整体实力较弱，自主创新能力薄弱；核心软件绝大部分依靠进口，国民经济和社会信息化建设所需的信息和网络安全问题日益突出，短时间内国内产品在与国外产品的竞争中仍处于劣势。

(2) 软件产业和企业规模偏小，未形成以产品开发为中心，以专业化服务体系为支撑的发展模式。

(3) 软件产业结构不合理，缺乏龙头企业，软件产业国际影响力和品牌知名度有待进一步提高。

(4) 软件人才结构性矛盾突出，高层次的技术人才、复合型人才缺乏，软件人才培养模式与企业市场实际需求之间还存在偏差。

(5) 支持产业公共技术开发、风险投融资、海外市场开拓等公共服务体系尚不健全，制约了自主知识产权的软件技术、产品的研发及产业化，影响了软件产业的国际化进程。

(6) 软件产业发展的市场环境不够完善，产业管理体制有待理顺，软件潜在市场巨大和现实市场相对狭小的矛盾依然存在。

(7) 软件服务未能形成规范化、规模化的产业体系，低估软件产品和服务价值的现象依然存在，严重制约了应用领域的进一步开拓，以及软件企业自身的良性发展[7]。

因此，大力加强软件技术研发，培育原始创新环境，积极跟踪、准确把握软件技术的发展趋势，对加速软件产业的发展是至关重要的。

2 关于信息技术和软件技术发展趋势的分析与判断

2.1 国内外专家与机构对信息技术和软件技术发展趋势的论断

近年来，信息技术、软件技术、软件系统与软件产业的发展备受关注，已有不少论述、分析与判断，其中较重要的有：

2008年10月，江泽民在《上海交通大学学报》撰文“新时期我国信息技术产业的发展”提出：“20世纪90年代以来，信息技术继续朝着数字化、集成化、智能化、网络化方向前进”。“软件系统加快向网络化、智能化和高可信的阶段迈进”[1]。

2008年10月，工业和信息化部颁布的《软件产业“十一五”专项规划》分析软件技术发展趋势时指出：“我国信息化的不断推进和网络的广泛普及，对软件技术和产品提出了更多需求。软件技术正朝着网络化、可信化、服务化、工程化和体系化方向发展，软件技术的不断创新和广泛应用，将促进和带动软件和软件服务的发展”[7]。

2009年6月，国家工业和信息化部部长李毅中在“第十三届中国国际软件博览会”演讲中再次提出：“当前，软件系统加快向网络化、智能化和高可信的阶段迈进，软件即服务是重要的发展方向”[8]。

2009年9月，中国科学院信息领域战略研究专家组认为，21世纪信息科学技术发展呈现出开放化、融合化、泛在化的新特点和新的发展趋势；近10年内网络技术经历宽带化、移动化和三网融合将走向基于Ipv6的下一代互联网，2020年以后，世界各国将共同构建IP后(post-IP)的新网络体系。即构建“惠及全民、以用户为中心、无处不在的信息网络体系(Universal，Useroriented，Ubiquitous Information Netwok Systems，U-INS)”[2]。

2010年1月，国家863计划信息技术领域办公室和国家863计划信息技术领域专家组，在上海举办“信息-物理融合系统CPS(Cyber-Physical System)发展战略论坛”。论坛提出：“信息-物理融合系统CPS是一个综合计算、网络和物理环境的多维复杂系统，是信息和物理世界的深度的融合交互、可实现大型工程系统的实时感知、动态控制和信息服务，使系统更加可靠、高效与实时协同，使得人类物理现实和虚拟逻辑逐步融合，具有重要而广泛的应用前景[9][10]。”

根据以上国内外有关专家与机构的论述、分析或对发展趋势的判断，结合我们对软件技术在信息技术产业、软件产业和信息化应用方面的作用和地位的理解，并考虑到软件技术自身的特点，我们认为：未来一段时期软件技术发展的主要趋势可以概括为：网络化、融合化、可信化、智能化、工程化、服务化[11][12]，并且呈现出新特点和新内涵。以下分别就网络化、融合化、可信化、智能化、工程化、服务化的新特点和新内涵逐一加以诠释。

2.2 软件技术发展趋势及其新特点与新内涵

2.2.1 网络化

随着信息网络技术的不断进步和运行环境的多样性，在软件发展过程中，开放化、分布化、虚拟化、无线化、互联化、物联化与泛在化等都是其网络化的不同表现形态，使网络化的内涵更加丰富多彩。网络化引发了“以机器为中心”向“以网络为中心”的过渡，并将改变应用与技术模式。软件技术也面临“以网络为中心”的变革，新一代软件将基本以网络为中心来实现各种复杂的分布式应用[7]。软件技术网络化走向开放化主要表现在标准化、源代码开放与互联互通三个方面。软件中的核心——系统软件由16位、32位虚拟地址向64位虚拟地址过渡，以满足互联网接入需要；开放式操作系统Linux成为互联网新的生力军，它有三大优势：代码开放、分布式开发环境和适应各种平台，并且是首先执行TCP/IP协议的操作系统之一[12]。

网络作为基础，在网络上运行的是各种分布计算，如普适计算(Pervasive Computing)、网格计算(Grid Computing)、服务计算(Services Computing)、云计算(Cloud Computing)等，它们都是分布式计算(Distributed Computing)技术的具体应用和发展。作为第三代计算模式的代表普适计算是当前计算技术的研究热点，在普适环境下人们能够使用任何设备，通过任意网络、在任意时间都可以获得一定质量的网络服务[13]；普适计算可以看成是从人机交互的角度来探讨未来网络系统的应用模式；同样地，云计算作为一种新兴的计算模式，是并行计算、分布计算和网格计算的发展，是计算能力通过互联网的聚合和共享，是分布计算技术的高层次应用模式，可以把网络中的各种资源虚拟成一台计算机向用户提供所需的计算资源；云计算平台作为一种实现海量计算动态分配的新技术平台，将构成未来数据中心大规模应用的基础，是中间件技术发展的重要趋势，是实现物联网中高效、动态、海量计算的基石之一[14][15]；云计算可以看成是从资源共享与管理的角度探讨未来网络系统的应用与构造模式。因而，软件的网络化服务也是下一代软件技术的重要特征。

网络软件的发展趋势是在网络体系结构的基础上，建造网络应用的支撑平台，为网络用户和应用系统提供良好的运行环境和开发环境。网络中各种软件技术将相互融合、相互促进，软件的基本模型越来越符合人类的思维模式。在计算机网络软件方面未来主要的研究方向有:全网界面一致的网络操作系统,不同类型计算机网络的互联(包括远程网与远程网、远程网与局域网、局域网与局域网),网络协议标准化及其实现,协议工程(协议形式描述、一致性测试、自动生成等),网络应用体系结构和网络应用支撑技术研究等[16]。

以传感网与物联网为标志的第三波全球IT产业化浪潮的来临,将催生大量传感网与物联网系统中的软件(包括感知层、传输层与应用层)、各类网络的接入与互联(包括传感与移动通信网,移动通信网与互联网、物联网与互联网)、中间件以及数据挖掘与分析软件;软件和中间件是物联网的灵魂[14]。需要集中攻克制约物联网软件发展的各种因素:计算与物理的差异性,程序的时空特性、系统的不确定性、物联网领域语言与高可信软件验证等[17]。

2.2.2 融合化

(1) 终端产品的功能“融合”,“智能化产品”前景广阔。

随着数字模拟融合、微机电融合、硬软件设计融合的趋势,具有性能高、成本低和体积小等特点的新一代系统级芯片(System on chip,SOC)成为IT发展方向;最典型的就是个人计算机、通信、消费电子与内容的功能融合,即4C(Computer,Communication,Consumer,Content)技术融合,形成“智能化产品”或“数字家庭产品”。研发符合开放标准的软硬结合,软件固化的嵌入式基础软件和嵌入式应用软件,使嵌入式技术广泛地应用于各行各业,将成为后PC时代IT领域发展的重要趋势;10年后无所不在的传感器网络,将进一步推动RFID与移动通信、传感技术、生物识别等技术的融合;嵌入式技术与互联网技术的“深度”融合,嵌入式产品将成为互联网的主要终端之一,嵌入式基础软件将成为互联网接入设备的基础。

(2) 操作系统、数据库和中间件等融合的体系化趋势促使软件平台向一体化方向发展,软件平台体系竞争趋势凸显。

在网络运行环境下,软件运行平台需要连接并管理网络上数量众多的异构、自治的硬件资源和软件资源,包括主机、操作系统、数据库和应用等。在这种需求的驱动之下,软件中间件便成为网络环境下的软件运行平台。随着网络环境的快速发展,原有各种不同功用的中间件,如数据访问中间件、消息中间件、分布计算中间件等,正在不断融合,呈现出一体化的趋势[18]。体系化趋势促使软件平台向一体化方向发展,操作系统、数据库和中间件一体化趋势明显,软件的竞争逐渐发展成软件平台体系竞争,软件平台体系将成为网络环境下各种应用服务的支持基础[7]。

(3) 应用层面或产业层面的融合,IT产业与传统产业的渗透融合,信息化与工业化的融合(两化融合)势在必行;“工业软件”需求旺盛。

在迈向信息社会过程中,信息技术广泛融入社会生产与社会生活,工业化与信息化逐步融合,将使人类社会的生产和生活方式发生重大变革。信息产业与相关产业融合，将催生一系列新兴的融合产业，如，物联网和智慧地球就是融合产业的典型。物联网是传感网、移动通信网与互联网的智能融合，智慧地球是物联网与互联网的智能融合。工业化与信息化的融合，是我国软件技术产业发展的必然趋势。

工业软件指的是能够使机械化、电气化、自动化的生产装备具备数字化、网络化、智能化特征的软件，它不是一般意义的软件，而是一个复杂的系统工程，其最终目标是提供一个面向产品全生命周期的网络化、协同化、开放式的产品设计和制造平台[19]。由于传统产业改造升级以及行业信息化发展步伐的加快，将对行业应用软件产生巨大的需求，为满足市场对“工业软件”的需求，大力发展工业软件，促进工业化与信息化的融合势在必行。

(4) 各类异构多网融合，构建无处不在的全新网络环境—泛在网(Ubiquitous Network)是大势所趋。

“三网融合”是电信网、广播电视网、计算机网的发展方向，通过“三网融合”充分利用各种卫星、地面无线和有线的接入手段[2]；传感网与互联网、信息与物理系统融合(CPS)其本质是3C(Computation，Communication，Control)技术的有机融合与深度协作，是信息和物理世界的深度融合交互，是计算、物理和控制等多学科的交叉与融合[9][10][17]。传感器网、通信网、互联网和识别技术融合集成将构建未来泛在网，实现人与人、人与物、物与物之间任何时间、任何地点的通信网络。其最终目标是实现传感器网、通信网、互联网、物联网的深度融合和协同。

(5) 其他信息技术和软件技术融合化还表现在：数据库与万维网的融合；数据库和信息检索的融合；时空数据库与传感器网络技术的融合；数据库与移动技术的结合等。

2.2.3 可信化

在计算模式向“以网络为中心的环境和面向服务的体系结构”发展中，软件的运行环境(包括网络环境、物理环境)不断开放和动态变化，使得软件构件在无监督下实现可信安全交互的需求日趋强烈。然而目前的理论、技术和管理储备均不足以应对开放性带来的挑战[20][21]。例如，无线通信的广泛采用可能会给网络中引入不良的构件；开源软件的大量引入对传统的软件质量提出了挑战等。

一般认为，软件的“可信性”是指软件系统的动态行为及其结果能符合使用者的预期，即使在受到干扰时仍能提供连续的服务。它强调目标与现实相符，强调行为和结果的可预测性和可控制性[20][21]。而可信软件生产技术则是以提高软件可信性为主要目的的软件生产技术。目前，与可信性相关的研究正在全世界蓬勃发展。可信软件的主要内涵是安全、正确、可靠、稳定，高可信技术将大大提高软件产品的可用性、安全性和可靠性，成为网络技术应用的关键[7]。高可信软件生产工具及集成环境是基础软件的重要组成部分，既是软件技术发展的技术制高点之一，也是我国软件产业发展的关键基础，具有重要的现实意义和长远的战略意义。我国《国家中长期科学和技术发展规划纲要(2006～2020 年)》中将可信软件系统列为国民经济和社会发展重点领域之一的“现代服务业信息支撑技术及大型应用软件”优先主题的重要内容。从目前现实来看，我国可信软件产业已有了一定程度的发展，但尚处于初级探索阶段。所以，大力发展我国自有知识产权的可信软件及相关技术势在必行。

2.2.4 智能化

人的认知系统对信息和知识的处理、加工与利用的能力远远超过现有的任何计算机信息处理系统。探索智力的本质，研制具有更高智能的机器和信息处理系统就成为历史的必然[2]。

从计算机应用系统的角度出发，人工智能是研究如何制造智能机器或智能系统来模拟人类智能活动的能力，以延伸人类智能的科学。新一代操作系统智能化，表现为不仅能发现问题，而且具有自动修复、自动调整等能力，能够在硬件出现故障时，自动屏蔽相应的硬件设备，从而保护重要的数据[16]；物联网的核心是解决通过智能化获取信息、传输信息和处理信息问题；智慧地球的核心是解决“更透彻的感知、更全面的互联互通和更深入的智能化”[11][22]，即物联化、互联化和智能化，只有智能化才能加速实现数据—信息—知识—决策—行动的转化过程，软件智能化是软件技术发展的重要趋势。近年来，自然计算(Nature Inspired Computation)顺应当前多交叉学科不断产生和发展的趋势，其内涵与外延不断扩展，应用领域包括复杂优化问题求解、智能控制、模式识别、网络安全、硬件设计、社会经济、生态环境等方面，具有广阔的应用前景[23]。

目前软件智能化的发展趋势表现在：

(1) 从低级走向高级(逻辑推理—拟人智能)。

(2) 从浅层走向深层(模拟行为—模拟情感)。

(3) 从分立走向融合(观点分立—达成共识)。

(4) 从软件走向知件(数据处理—知识处理，科学计算—社会计算)[13]。

(5) 从理论走向应用(理论研究—应用推广)。

(6) 从微小型走向巨大型。(单体、微型、小型—多体、大型、巨型、全球)。

综上所述，“信息—知识—智能转换理论”将成为信息时代科技的灵魂[24]。智能科学技术是现代科学最广阔、最丰富的领域。基于认知机理的智能信息处理在理论与方法上的突破，有可能带动未来信息科学与技术的突破性发展。发展新的智能科学与技术，是今后 50 年的重要目标[2]。

2.2.5 工程化

从 20 世纪 70 年代开始，“软件工程”的概念和方法逐步得到实际应用，以工程化的生产方式，设计、开发软件；工程化趋势推动复用技术和构件技术发展，降低了软件开发的复杂性，提高了软件开发的效率和质量[7]。但是，传统的软件工程方法学体系本质上是一种静态和封闭的体系，难以适应 Internet 开放、动态、多变的特点。为了适应这种新特点，软件系统开始呈现出一种柔性可演化、连续反应式、多目标自适应的新系统形态。从技术的角度看，在面向对象、软件构件等技术支持下的软件实体以主体化的软件服务形式存在于 Internet 的各个节点之上，各个软件实体相互间通过协同机制进行跨网络的互联、互通、协作和联络，从而形成一种与 WWW 相类似的软件 Web(software Web)，这种 Internet 环境下的新的软件形态称为网构软件(Internet ware)[20]。网构软件技术与方法已成为新一代软件工程化开发方法的新趋势，它是实现面向 Internet 的软件产业工业化与规模化生产的核心技术基础之一。

产品线(Product Line)是一个产品集合，这些产品共享一个公共的、可管理的公共特征集，这个特征集能满足选定的市场或任务领域的特定需求。这些系统遵循一个预描述的方式，在公共的核心资源基础上开发。软件产品线是一种基于架构的软件复用技术，有利于形成软件产业内部的合理分工，实现软件专业化生产[13]。

2.2.6 服务化

软件即服务(SaaS)已成为软件产业或软件服务发展和未来管理软件并提供服务的重要趋势。体现在运行平台上的服务融合，即通信服务、内容服务、计算服务等方面的融合。服务化趋势使各种软件产品以服务的方式向用户提供，这将极大地改变软件应用模式和商业模式，进而影响软件产业的格局[7]。服务计算(Services Computing)的目标，是以服务作为应用开发的基本单元，能够以服务组装的方式快速、便捷和灵活地生成增值服务或应用系统，并有效地解决在分布、异构的环境中数据、应用和系统集成问题。软件服务的本质就是人们不再需要拥有软件产品本身，而是直接使用软件所提供的功能[18]。云计算就是一种基于虚拟化网络环境的新型的服务计算模式(云服务)，是一种共享基础架构的方法，其核心是整合网络系统所有的计算资源、数据存储和网络服务，使各种应用系统能依据需要动态地获取各种资源和软件服务。连接网络的大量数据中心构成云端，云端既可以通过互联网向用户提供基础架构即服务(IaaS)、也可以提供平台即服务(PaaS)以及软件即服务(SaaS)。平台和软件，各种服务(XaaS)都可以从网上得到[2]。但是，在开放网络环境下，仍有一些问题亟待解决，包括快速准确的服务发现、明晰一致的服务语义、按需的服务协同、灵活的服务组装、可信的服务质量、跨域服务的安全保障等[18]。

当前，全球范围内的信息产业结构调整日趋明显，软件服务业的增速加快，我国的软件服务业面临难得的发展机遇。发展软件服务业，为其快速发展提供良好的支撑，建设软件与信息服务外包公共支撑平台，健全相应的知识产权和信息安全保护体系，大力培育服务外包国家品牌、服务外包人才和骨干企业，做大做强软件服务外包产业势在必行[7]。

3 上海软件技术与产业发展现状和特点

3.1 上海软件技术与产业发展现状[25][26][27][28][29][30]

近年来，上海软件产业取得了突破性发展，软件和信息技术在国民经济和社会各领域得到了广泛应用，大大促进了上海信息化进程，软件产业正在成为上海国民经济发展的重要动力和支柱性产业。目前，上海软件业已经形成了较为完善的政策体系、工作机制和管理模式，促进了上海软件产业的大发展。据统计显示，随着实体经济逐步回暖，2009 年上海软件和信息服务业增速有所上升，全年营收已达 2 108.11 亿元，同比增长 20.2%[27]。软件和信息服务业已成为上海现代服务业中发展速度最快、技术创新最活跃、增值效益较大的高科技产业门类之一。

(1) 软件产业总体规模迅速增长。自 2000 年以来，上海软件产业保持了持续增长的态势；2009 年上海软件产业总体规模更是跨上一个新台阶，经营收入达到 1 206.19 亿元，同比增长 20%。

(2) 产业结构不断优化，软件产品、系统集成所占的比重逐步下降，软件服务比重不断提升。2009 年软件产业收入的构成情况：软件产品占比为 31.1%；软件服务收入占比达 25.5%，系统集成占比为 18.2%，其他占比为 25.2%。

(3) 企业利润持续增长。近年来，上海软件产业利润一直保持较快增长速度，利润总额由 2004 年的 29.34 亿元增长到 2009 年的 169.2 亿元，远高于同期经营收入的增长速度；上海软件企业盈利能力呈现持续稳定增长态势。

(4) 骨干企业逐年成长。2009 年上海经营收入超亿元的软件企业达到 135 家，超 10 亿元软件企业 13 家。“2009 年度国家规划布局内重点软件企业”的名单中，上海共有 27 家企业。在工业和信息化部公布的“2009 年中国软件业收入百强企业名单”中，上海有 8 家软件企业榜上有名。

(5) 企业素质全面提高。上海软件企业在不断发展壮大的同时，积极通过各类资质认证来提升企业素质，截至 2009 年底上海有效认定软件企业数量达到 2 512 家，2009 年上海通过 CMM/CMMI 3 级以上国际认证的企业累计达到 113 家；并有获得计算机信息系统集成资质认证的企业 172 家。

(6) 软件出口稳步增长。上海软件出口一直走在全国前列，涌现出了一批龙头出口软件企业，基本实现了从单纯低端开发向高端的、自主知识产权产品和技术的转变。2009年上海的软件出口合同网上登记协议金额达到12.3亿美元。

(7) 人才队伍建设初见成效。上海坚持以人为本的发展理念，把人才队伍建设作为发展上海软件产业的重点之一，加快建立多层次软件人才培养体系，大力开展学历教育、职业教育、继续教育和各种形式的社会培训，培养高水平、高素质软件人才。至2009年底上海软件从业人员已达到21.8万人，信息服务业从业人员已达29.3万人；其中拥有本科及本科以上学历的人员占65%以上，而硕士以上学历的人才，逐渐成为上海软件从业人员的中坚力量。

(8) 技术创新成绩开始显现。技术创新是支撑上海软件产业快速发展的法宝之一，上海不断加大对软件开发技术的研究力度，积极鼓励企业开发拥有自主知识产权产品，大力推进以企业为主体的技术创新体系建设。2009年上海软件产品登记数量达到2567个，累计(2001～2009年)达到10249个；2009年上海软件著作权登记数达5475个，占全国登记总数(67912个)的8.06%。

(9) 产业集聚效应凸显。上海的软件园基地已集聚了全市60%的软件企业，至今上海已形成了一个国家级软件产业基地、一个国家级软件出口基地和七个市级软件产业基地的产业布局；至2009年底上海已有经营收入超亿元软件企业135家，超10亿元的13家，上规模的信息服务企业3800家，海内外上市企业22家。这些企业的经营收入在全市软件产业经营收入中的占比和利润的比重都远远超过50%，产业集中度不断提高，集聚效应凸显。

(10) 自主创新支持力度加强。政府采取了一系列措施，积极引导和帮助软件企业自主创新。

3.2 2009年上海软件技术与产业发展的特点[25][27][28]

(1) 产业发展呈现前低后高走势。1～6月，经营收入1024.15亿元，比上年同期增长14.6%；1～12月，经营收入2108.11亿元，比上年同期增长20.2%。

(2) 产业集聚效应日益突显。从企业看，2009年经营收入超亿元软件企业的经营收入占全市软件产业经营收入的60%，利润比重达到80%以上；从区域看，浦东、徐汇、长宁信息服务业经营收入之和占全市的70%；从产业基地看，国家级软件产业基地、国家级软件出口基地及市级软件产业基地集聚全市60%的软件企业。

(3) 新模式、新业态推动产业发展。如，金融数据、信息和软件服务，大宗商品咨询服务，综合消费信息服务，第三方电子支付服务，贸易信息即时交互服务，网络视听等。

(4) 产业创新能力持续增强。基础软件在钢铁、石化、船舶、汽车等重点行业领域得到较好应用;工业软件行业适应性增强,技术含量提升,为推进两化融合提供有力支撑;民族语言文字软件研发和应用推广成效显著,促进民族边疆地区的经济社会发展;动漫游戏自主创新能力提高,国产品牌迅速发展,繁荣丰富文化产业。

(5) 企业兼并重组活动日益频繁。2009年成为上海信息服务业行业兼并重组动作最大的一年,如,盛大网络分拆盛大游戏上市、入主华友世纪;巨人网络实施“赢在巨人”计划,吸引创业团队加入。

4 上海软件技术与产业发展中面临的挑战和机遇

4.1 四大挑战

1) 国际金融危机对软件产业的影响正在深化

当前,美、日、欧等主要发达国家经济已经出现衰退,全球软件外包市场将出现负增长。我国软件产业下行势头并不明显,主要原因是软件产业依托国内市场,很多订单早在2008年已经确定,金融危机影响有一定的滞后性,但随着危机影响从制造业向相关领域蔓延,软件产业下行趋势将日趋突出。

2) 国内软件市场竞争形势更加严峻

一是跨国公司在欧美市场受挫后,在收缩全球业务的同时进一步加强中国市场布局,这些将使国内软件企业面临更加严峻的竞争压力。二是市场秩序亟待规范,山寨文化盛行,软件盗版和侵犯知识产权的问题依然突出;部分领域垄断问题明显,一些跨国公司利用技术优势对其他企业实施不正当竞争,严重影响产业的健康发展。三是国内优势企业面临被恶意收购威胁,随着行业整合力度加大,部分跨国公司利用资本市场对国内优势企业进行恶意收购的问题突出,产业安全形势不容乐观。

3) 支撑软件产业的宏观环境亟待改善

当前,我国软件服务外包有着很大潜在市场,由于国内信用体系不完善、对信息安全管理灵活性不够,导致很多跨国公司不敢将订单交给中国软件企业。高新技术企业认定的门槛过高,中小软件企业很难享受到政策优惠,影响产业的竞争力。

4) 当代信息技术正处于新一轮重大技术突破的前夜

以物联网为标志的第三波IT产业化浪潮正在形成,它将引起各企业、产业、城市与国家之间竞争格局的重大变化,世界各国、国内各地都力图抢占科技制高点,对上海是严峻的挑战。

4.2 四大发展机遇

(1) “保增长、扩内需、调结构”方针将为软件产业发展提供巨大市场空间。为应对国际金融危机，中央决定将信息产业列为十大调整与振兴的产业之一，并指出软件是电子信息产业的核心产业之一。党的十七大提出要大力推进信息化与工业化的融合，这些将为软件产业发展提供巨大的发展空间。

(2) 上海产业结构的现实和技术、人才的优势，要求上海牢牢把握信息服务业国际转移的机遇，加速向服务经济为主导的产业结构转型，这将为发展软件技术与产业提供巨大的发展机遇。

(3) IT新技术的发展与应用，正在不断改变软件产业的格局，带来软件产业发展的新机会。物联网已被列为我国五大战略性新兴产业之一，上海在物联网技术研发、标准制定、产业基础等方面在国内具有优势；还有云计算、虚拟化等重大技术都将带来软件产业格局的新变化和新机遇。

(4) 产业政策环境不断改善，国内信息化市场将为软件发展提供新的机遇。国家将软件及信息服务业列为优先发展的战略性产业，各地也将软件作为推进区域经济升级的突破口，产业发展环境不断改善。2008年以来金融、先进制造、软件等多个领域的跨国公司纷纷加强中国市场布局，一些全球性的软件服务中心陆续设立，不仅增强我国软件产业力量，也增加国内软件企业市场发展的机会。

总之，当前我国软件产业面临的形势复杂，既有严峻的挑战，又有难得的机遇。

5 加速发展上海软件技术与产业的对策建议

5.1 上海软件技术与产业发展的关键问题

上海发展软件技术与产业发展中，遇到的主要问题是：

(1) 自主创新能力弱，缺乏核心技术。由于我国软件产业的科技竞争力不强，自主创新能力弱，核心技术仍将受制于人，导致我国软件产业的整体实力较弱；上海在把握用户需求的能力上，还没有建立起面向市场需求的快速反应体系；在市场进一步细分的前提下，软件企业一定要正确定位，才能取得特色发展。在利用已有成果上，缺乏持续创新能力。因此，不易形成竞争力强的知名品牌。

(2) 软件产业链不完善。上海缺乏行业领军企业，小规模企业较多，品牌集中度不够明显；软件产业链中企业配合与合作的意识与能力较差，专业化分工尚未形成；软件的标准化程度不够。

(3) 忽视知识产权保护。往往注重产业推进，忽视知识产权保护。

(4) 企业数量较多，但规模小，产能低。我国的软件企业在企业规模、技术研发、企业管理、市场营销、国际化能力等各个方面，与软件发达国家存在差距；目前上海缺乏超过5000人规模的软件企业。

(5) 软件人才与培养机制不完善。软件产业被公认为是人才产业，上海目前拥有软件从业人员21.8万人，软件人才结构不合理，呈现橄榄形，即高端人才和低端软件蓝领人才缺乏，大部分集中在软件开发的中间段，高不成低不就。而对软件开发流程起着关键作用的高端人才，如系统分析、软件架构等高级专业人才严重短缺。当前我国软件人才的培养渠道主要依靠高校培养，培养的学生不能立即进入企业角色，需要适应和再培训。缺乏院校、企业、社会的紧密配合的产学研培养机制。企业缺乏完善的职业再教育体系，软件人才教育体系尚需进一步完善。企业对人才的需要始终不能得到满足，人才不足已经成了影响本市软件企业和软件产业发展的瓶颈。

(6) 软件企业缺乏快速成长的投融资环境。我国主板证券市场、创业板市场、风险投资、产权交易等进入退出机制还不完善，直接影响到企业的投融资，兼并重组等资产运作和快速发展。

(7) 企业商务成本较高，集中反映在人才薪酬、社会统筹(已占人员薪金近50%)和办公场地租赁费。

5.2 加速上海软件技术与产业发展的对策建议

根据国家战略需求、软件技术发展趋势和上海软件技术与产业现状，提出未来一段时间上海发展软件技术与产业的重点发展方向和改善产业环境与人才资源方面对策建议。

5.2.1 关于上海软件技术与产业重点发展方向的建议

根据上海进一步发展软件与服务业的需求，结合我们对于软件技术趋势的研究成果，关于上海近期软件技术与产业重点发展方向建议如下：

5.2.1.1 重点关注物联网技术及其应用

当代软件技术网络化已从互联网发展到物联网的新阶段，呈现出网络化发展趋势的新内涵。2009年11月温家宝总理首次明确把物联网列为国家战略性新兴产业，标志着发展物联网将是我国深入推进信息化与工业化协同发展，实现“两化融合”国家战略的重要举措。以物联网为标志的新一轮IT产业化浪潮，将催生大量传感网与物联网软件技术与产业。

上海是我国物联网技术和应用的主要发源地之一，在物联网技术研发、标准制定、产业基础等方面具有一定的优势，培育发展物联网产业，不仅是上海提升信息产业综合竞争力、培育新增长点的重要途径，也是促进产业结构调整、提升城市管理水平的重要举措。2010年4月上海市制订了“上海推进物联网产业发展行动方案(2010～2012年)”，部署加快培育与发展物联网技术产业。目前，上海物联网产业总体仍处于起步阶段，在核心关键技术、企业发展、行业应用等方面与世界先进水平还有一定差距。面对全球物联网发展的历史机遇和国内外激烈的竞争态势，上海必须抓住机遇，抢占制高点，突破关键技术瓶颈，推广示范应用，促进产业发展，推动上海信息产业的结构转型，进一步提升综合竞争力。

为此提出以下建议：

(1) 集中力量重点攻克一批物联网的关键技术，并取得突破，以新技术研发催生新的应用市场。重点研发传感器核心芯片、传感器网接入互联网、分布式感知、拓扑控制、信息资源调度、协同计算、物联网应用支撑中间件、海量实时数据采集与处理、数据挖掘与分析软件、物联网安全监管和隐私保护、传感器/通信/终端设备、工业无线网络以及WSN和RFID技术的融合技术等。软件和中间件是物联网的灵魂，需要集中力量攻克制约物联网软件发展的各种因素。

(2) 在一批牵涉到国计民生的关键领域进行应用示范来驱动相关产业链的形成，促进产业结构调整和转型。结合节能、降耗、绿色、低碳、低成本、智能的发展战略和地方需求，应用物联网技术实现传统产业升级换代，例如智慧环保、数字医疗、智能交通、智能电网、智慧金融、安防、物流、食品安全、智能社区、数字出版等。

(3) 充分利用上海已有的全国城市信息化领先优势，培育出一批具备核心竞争力的上海本地企业，占领上海乃至全国市场。要有计划地建设物联网技术测试、公共信息服务、咨询规划、试验、认证等公共服务平台，推动物联网产业联盟的建立和发展，形成多方共同推动物联网产业发展组织机制。

(4) 通过新型服务模式和业务模式的孵化和培养，大力培养增值服务运营商，加速现代服务业的发展。物联网目前尚未出现清晰的商业模式，产业链上下游的价值传递和产生的机制，产业链上的各环节的产生价值等都需要深入调研与探讨。

(5) 在标准规范方面，应该在国家统一规划下，着重制订出一系列的面向行业的应用标准规范或指南，逐步推向全国，提升上海地位。

(6) 重视物联网发展带来新的管理方面的问题，包括法律和体制、机制的保障等，需要及早调研与谋划。

5.2.1.2 大力支持基础软件的研发与应用

基础软件产业是21世纪国际竞争的焦点和战略制高点，是国家优先发展的战略性产业。它集中地呈现出当代软件技术发展趋势——网络化、融合化、可信化与智能化。经过多年发展，我国基础软件产业整体水平有了较大提高，自主研发的软件产品在国内市场得到应用，逐步形成和国外软件巨头在部分领域有一定竞争的格局。上海在国产基础软件方面的技术、产品和产业化推广方面走在全国的前列，其产品已经在政府、电信、金融、汽车及重工业、民航交通、电力、军工与军队、卫生、教育等行业推广应用，应当继续大力支持基础软件的研发与应用。

为此提出以下建议：

(1) 继续加大对自主基础软件研发资金的投入力度,围绕国家基础软件重大专项,结合上海产业优势,发展具有自主知识产权的操作系统、数据库、中间件和办公软件,形成具有国际竞争力的基础软件产品。

(2) 重点支持面向网络应用环境的可信服务器操作系统、桌面操作系统(Linux)和服务器操作系统、数据库管理系统和支撑软件、多媒体数据库以及检索系统;跨平台办公套件和开发环境;嵌入式操作系统、嵌入式软件开发平台等核心支撑软件;基于Web服务的核心软件平台,面向Web服务计算环境的网络系统软件平台、构件化软件开发与生产平台;基础中间件;面向应用的中间件平台及其他基础类工具软件的开发应用,尽快掌握自主知识产权的基础软件技术,提升国产基础软件成熟度[7]。

5.2.1.3 大力发展工业软件和嵌入式软件,促进“两化”融合

发展自主工业软件,以信息技术提升传统产业,是国家“两化融合”的战略需求,更是上海这样国际工业大城市促进产业升级,实现低成本信息化和可持续发展的战略需求。工业软件和嵌入式软件是当代软件技术融合化与智能化发展的重要趋势。目前我国大型工业软件基本上依赖进口,核心技术受制于国外,因此,发展我国自主工业软件是当务之急。

为此提出以下建议:

(1) 嵌入式软件包括嵌入式操作系统、嵌入式支撑软件、嵌入式应用软件三类,是工业软件的重要组成部分。发展嵌入式软件产业是我国信息产业由“中国制造”向“中国创造”的突破口,是实现可持续发展的重要途径。嵌入式系统研发能力及产业化水平已成为衡量一个国家经济和科技实力的重要标志[2]。嵌入式应用软件均有特定的应用背景,尽管规模较小,但专业性较强,所以嵌入式应用软件不像操作系统和支撑软件那样受制于国外产品垄断,是我国发展嵌入式软件的优势领域。

(2) 工业软件的发展是十分复杂的系统工程,发展工业软件需要多学科交叉,需要科学家和工程技术专家的合作,更需要政府的有效组织和企业的积极投入。

(3) 要鼓励软件研发企业和设备制造企业联合,打通研发和应用关键环节,在汽车电子、智能手机、轨道交通、终端设备等领域研发具有自主知识产权的核心嵌入式软件平台。

(4) 结合现有优势产业,在智能监控、石化加油设备、便携计算设备、有源RFID设备等领域形成嵌入式软件的产业化和规模化应用。

(5) 鼓励软件研发企业和工业企业联合攻关,打造一批具有行业特色和专业特点的工业软件,促进传统工业实现设计研发数字化、制造装备智能化、生产过程自动化和经营管理网络化,全面实现产业优化升级。聚焦航空、钢铁、汽车、船舶、

石化等传统优势产业，在飞机研发设计、钢铁生产自动控制、汽车车身数字化制造、船舶数字化制造、石化安全生产监控等领域，研发工业软件产品。

5.2.1.4　积极推进“云计算”平台建设和服务

云计算是一种基于虚拟化互联网环境的新型的服务计算模式，是当代软件技术向互联化和服务化方向发展的重要趋势。云计算是一种共享基础架构的方法，其核心是整合网络系统所有的计算资源、数据存储和网络服务，使各种应用系统能依据需要动态地获取各种资源和软件服务。云计算作为一种创新的 IT 基础架构管理方法和创新的商业模式，代表了未来 IT 发展的重要方向，将加速信息产业和信息基础设施的服务化进程，催生大量新型互联网信息服务，带动信息产业格局的整体变革。在全球，云计算还处于起步阶段，在我国，云计算技术的兴起基本上与国际同步，2008 年无锡与 IBM 公司合作，建立了国内第一个云计算中心；随后各地纷纷建立云计算中心，或打造企业云计算平台；2010 年 7 月上海公布了《上海推进云计算产业发展行动方案(2010～2012 年)》，又称“云海计划”，这是促进上海云计算技术发展的新机遇。

为此提出以下建议：

(1) 突破虚拟化核心技术，积极推进“云计算管理平台”建设和服务。着力研发跨平台、支持多操作系统的虚拟化技术，优化虚拟化技术的安全性，实现虚拟机之间的完全隔离与资源的动态调整。着力研发具有资源管理、资源调度、计费等功能的云计算管理平台并实现产业化；研发软硬件一体化的云存储平台；研发云中间件技术，并推动消息队列服务、文件服务、自服务门户和内部管理工具等接口和设计的标准化工作。

(2) 重点建设云计算基础设施。鼓励电信运营商、第三方数据中心与行业信息中心合作，自主研发云计算关键技术与解决方案，推动传统信息基础设施向云计算模式转型，提高基础设施资源的使用效率。推动新建节能、环保、低碳的新型云计算基础设施。

(3) 大力推进云计算行业应用。组织上海和全国各云计算领先企业，在电子政务、航运、金融、市民服务、工业、现代服务业和中小企业服务等领域建设云计算示范项目，引导信息化应用项目依托云计算基础设施，降低社会信息化的整体成本。

(4) 构建云计算安全环境。鼓励企业参与云安全关键技术研发，推动传统信息安全企业向云安全解决方案转型与提升，打造可靠的云计算生态环境，促进云计算产业的全面发展。

5.2.1.5　进一步发展现代信息服务产业，促进上海向服务经济转型

在信息社会中，服务是知识经济的灵魂。服务科学是信息科与经济、管理等其

他学科的交叉学科[2]。从世界信息服务业发展的趋势看，信息服务业已成为统领信息技术产业的中枢神经，对国民经济的带动作用越来越大。传统的IT硬件制造商向软件与服务转型、软件/服务外包、突出重点领域发展信息服务业等已形成国际潮流。

为此提出以下建议：

(1) 要加快适应国际IT转型的大趋势，构筑与国际大都市相适应的现代信息服务业体系，使上海成为全国信息服务中心、国际信息服务业集团聚集地和亚太地区最重要的电信枢纽之一。目前上海正处于服务业占比稳步上升，而工业占比趋于下降的发展阶段，上海的未来发展很大程度取决于信息服务业。

(2) 构建面向广大中小企业的SaaS模式软件服务平台和引导软件企业提供SaaS模式软件服务的应用聚合平台和面向工业、农业等领域高性能计算机的软件研发和服务业务。

(3) 加强软件测试服务、企业内部网络管理、桌面管理与维护、地理信息系统、远程维护等信息系统运营和维护服务、数据挖掘与管理服务。

(4) 现代信息服务产业还包括互联网和信息增值服务、数字内容服务、研发设计和服务外包、知识产权服务及科技成果转化服务等。

5.2.2 改善软件产业环境方面的对策建议

上海软件与服务业的发展还必须有市场、政策、资金、人才等方面的措施相配套，在此，将我们认为关系较为密切的对策建议列举于下：

1) 加强统筹规划，整合产业发展合力，突破核心技术，提升创新能力

新时期上海软件技术产业发展的重中之重是突破核心技术，提升创新能力。要抓紧制定上海市促进软件及信息服务业统一发展的规划与实施意见，研究编制信息产业和软件产业“十二五”规划，加强统筹规划，整合产业发展合力，优化产业发展环境，依托重大工程和科技专项，集中力量突破核心技术，谋划布局新一轮软件技术产业的发展，使上海成为国内软件业内产业环境优越、创新活力强劲、开发技术领先、产品质量一流的地区之一。

2) 聚焦重点领域，加强产业引导和培育

聚焦“两化融合”，加快工业软件与嵌入式软件的研发和应用；面向汽车电子、轨道交通、终端设备领域，大力发展嵌入式软件和信息服务；推进基础软件的研发和产业化应用，初步实现具有自主知识产权的基础软件和嵌入式软件产品链，形成面向重点行业的完整软件产品体系；设立的相关专项资金，聚焦支持软件及信息服务业发展。

3) 加强行业共性技术研究，提高产业自主创新能力

建立技术创新体系，支持突破关键技术，探索信息服务新模式；支持公共技术

服务平台建设。着重在软件、金融、电子商务、数字出版、网络游戏、网络视听等行业领域信息服务。

4) 加快产业基地和产业园区建设,促进产业集聚发展

加快建设国家级产业基地、具有特色的信息服务业产业基地和软件园区;鼓励电信运营企业为园区提供优质低价的电信网络服务、支持园区为入驻企业提供全面的公共基础设施服务。

5) 实施国产基础软件和工业软件振兴计划

加强对国产基础软件的支持和研制,鼓励和扶持对国产基础软件的应用,培育市场对国产基础软件的接受程度,提升国产基础软件及行业解决方案的技术先进性,推动国产基础软件面对国外基础软件的竞争,制订对国产基础软件的支持力度和相关政策引导。按照"坚持发展高端,积极拓展离岸,重点聚集总部"的原则,大力发展业务流程外包(BPO)和知识流程外包(KPO),推动上海成为软件外包服务提供商中国总部的汇集地,促进高端软件外包、数字媒体外包和金融信息服务外包等业务集聚。发挥市级财政单位信息化项目预算审核作用,结合软件正版化专项资金,在电子政务建设中逐步实现国产基础软件的替代应用。支持构建上海国产软件应用推进联盟和产学研用相结合的工业软件联盟。

6) 支持创新发展的风险投资机制,构建信息服务业多元化投融资体系

出台支持企业上市融资的专项政策,支持有条件的企业上市融资,鼓励企业做大做强,并为中小企业开辟灵活便利的融资渠道;出台支持企业兼并重组专项政策;建立健全多元化投融资体系;完善风险投资机制;鼓励金融机构加大对信息服务业的金融支持;积极推动具备条件的企业上市,形成良性发展机制。

7) 加强公共服务体系建设,支撑服务产业发展

建设一批面向行业的公共技术服务平台;建立完善信息服务业统计和评估体系和健全信息服务业发展监测、预警、预测制度。

8) 加快标准体系建设和知识产权保护,规范产业发展软环境

鼓励企业参与、开展相关标准体系建设;引导企业加大知识产权投入;加大知识产权保护执法力度。

9) 加强信息服务业招商引资和国际交流,拓展提升软件和信息服务业新业态、新领域

搭建招商引资和国际合作交流平台;加大引进企业力度;支持本市企业走向国际市场;不断提升相关产业的发展水平,积极培育和拓展新兴业务在上海的发展。

在实施上述对策过程中,要高度重视人才策略、产品策略、价格策略、渠道策略、销售策略、服务策略和品牌策略等。

5.2.3 改善软件人才资源方面的对策建议

软件技术与产业的竞争,最终取决于人才的竞争,竞争的焦点是高素质领军人才和高端技术人才。大力加强软件技术人才队伍建设,造就软件行业领军人才,是软件技术产业持续发展的关键核心和当务之急。培养一支具有足够数量的、高素质的、多层次的软件人才队伍,是实现社会信息化的人才保证和原动力。

为此提出以下建议:

(1) 牢固树立人才是第一资源的观念,进一步深化人才制度改革,创造优秀人才脱颖而出的环境,特别重视创造适合高素质领军人才和高端技术人才形成的环境与机制。

(2) 信息化社会中所需要的软件人才是多层次的,相应地要培养各类研究型、设计型、开发型、应用型、维护型、服务型、操作型等多层次的软件人才队伍。

(3) 软件人才的来源主要是通过学历教育、继续教育、认证考核和培训教育等多元化教育培训体系进行培养的。应该积极推动有行业针对性的专业培训工作,提倡针对软件从业人员不同岗位的短期专业培训。

(4) 加强和国外相关企业和培训机构的合作,使我们教育培训的内容与国际保持同步。

6 结语

软件技术与软件产业的发展是我国工业化和信息化的关键。软件产业的发展必须以软件技术为基础,软件技术的发展必然以软件产业为动力。软件技术与软件产业发展的关键在于应用,只有以应用需求为导向,才能带动软件技术与软件产业持续地发展。本研究报告关于软件技术发展现状与趋势的分析、研究及判断,是一个团队经过相当一段时间调查研究与学术研讨的结果,期望能对我国及上海市的软件技术与软件产业或软件服务的发展有所助益。准确地预见未来软件技术的发展趋势是一件困难的事情。鉴于所讨论的问题涉及面广,且限于我们所掌握的材料、自身认识和判断本身的局限性,殷切期望关心软件技术发展的同仁们进行共同讨论并赐教。

参考文献

[1] 江泽民.新时期我国信息技术产业的发展[J].上海交通大学学报,2008,(10):1589-1607.

[2] 中国科学院信息领域战略研究组.中国至2050年信息科技发展路线图[M].北京:科学出版社,2009.

[3] (CCID)(2009～2010年度)中国软件市场研究年度总报告[R].

[4] 陈冲. 中国软件产业发展现状与趋势[J]. 软件产业与工程,2008,10.
[5] 汪成为. 加速我国 IT 跨越式发展的六项关键技术[J]. 软件产业与工程,2008,10.
[6] 何积丰. IT 前沿技术[J]. 微型电脑应用,2009(1).
[7] 工业和信息化部. 软件产业"十一五"专项规划[EB/OL]. http://www.miit.gov.cn/2008-10.
[8] 李毅中. "第十三届中国国际软件博览会"演讲[R]. http://www.miit.gov.cn/,2009.
[9] 国家 863 计划信息技术领域办公室和国家 863 计划信息技术领域专家组. 信息-物理融合系统 CPS(Cyber-Physical System)发展战略论坛纪要[R]. 2010.
[10] J. Sztipanovits, J. A. Stankovic, D. E. Corman (Eds). Industry-Academy Collaboration in Cyber Physical Systems(CPS) Research White Paper. http://www.cra.org/ccc/docs/CPS-White%20Paper-May-19-2009-GMU-v1.pdf, 2009.
[11] 朱仲英. 传感网与物联网的进展与趋势[J]. 微型电脑应用,2010,(1).
[12] 严隽薇. 软件产业中的技术发展趋势[J]. 微型电脑应用,2009,(12).
[13] 张凯. 计算机科学技术前沿选讲[M]. 北京:清华大学出版社,2010.
[14] 周洪波. 物联网技术、应用、标准和商业模式[M]. 北京:电子工业出版社,2010.
[15] 朱近之. 智慧的云计算——物联网发展的基石[M]. 北京:电子工业出版社,2010.
[16] 虞慧群,等. 基础软件技术发展趋势[J]. 微型电脑应用,2010(8).
[17] 何积丰. 物联网系统中的软件[C]. 2010 中国(无锡)国际物联网峰会暨嵌入式技术创新应用大会,2010.
[18] 梅宏,等. 互联网时代的软件技术:现状与趋势[J]. 科学通报,2010,55(13):1214-1220.
[19] 徐建华. 工业化信息化融合是必由之路[N]. 中国质量报,2008,2.
[20] 杨芙清,等. 网构软件技术体系:一种以体系结构为中心的途径[J]. 中国科学 E 辑:信息科学,2008,38(6):818-828.
[21] 刘克,等. "可信软件基础研究"重大研究计划综述[J]. 中国科学基金,2008,3.
[22] 彭明盛. 智慧的地球[N]. 人民日报,2009,9.
[23] 汪镭,等. 自然计算发展趋势研究[J]. 微型电脑应用,2010(7).
[24] 钟义信. 人工智能:进展与挑战[J]. 微型电脑应用,2009(9).
[25] 邵志清. 2009 年上海软件产业发展研究报告[M]. 上海:上海教育出版社,2009.
[26] 上海市经济和信息化委员会. 2009 上海信息化年鉴[M]. 2009.
[27] 邵志清. 上海信息服务业发展情况介绍[R]. 2010.
[28] 邵志清. 上海市软件现状与发展趋势[R]. 2009.
[29] 杨根兴,等. 2009 年上海软件技术及产业发展报告[R]. 2009.
[30] 李智平. 上海信息服务行业发展报告[R]. 2008.
[31] 工业和信息化部软件服务业司等. 2010 年中国软件与信息服务业发展研究报告[R]. 2010.
[32] 上海市企业信息化促进中心. 嵌入式系统应用及其本市产业化重点[M]. 2009.

第2章

分研究报告

软件技术发展现状研究

软件技术发展趋势研究

基础软件技术发展趋势研究

软件工程若干技术发展新趋势研究

物联网软件技术发展新趋势研究

自然计算发展趋势与应用研究

软件技术人才培养现状及对策

软件技术发展现状研究

高毓乾

摘　要　通过对国内外软件技术与产业现状的分析，对影响软件技术发展主要因素的分析，认为近期软件技术的发展趋势是以网络化、融合化、可信化、智能化、工程化、服务化为特征，并且呈现出新特点与新内涵。文中在对上海市软件及产业的现状、特点与趋势进行分析后，提出了上海市软件技术及产业发展的对策建议。

关键词　软件技术与产业；发展现状；互联网；服务；上海

Research on Present Development Status of Software Technology

GAO Yu-qian

Abstract　This paper analyzes software technology and present development status of industry in both China and abroad, and main factors of affecting software technology development, and considered that present software technology is quickening towards networking, convergence, trustworthy, intelligence, engineering and servicing. New features and new connotations of the trends of software technology development are interpreted in detail. After an analysis of the current development situation, features and trends of software and industry in Shanghai, the countermeasures and advices for the software technology and industry development are proposed.

Key words　Software Technology and Industry, Present Development Status, Internet, Service, Shanghai

1　国内外软件技术与产业发展现状

1.1　软件技术在信息社会中的地位和作用

1.1.1　发展计算机软件的重要性和迫切性

世界正在进入信息化时代，计算机、通信技术、信息技术的迅猛发展和融合，有力推动着21世纪工业生产、商业活动、办公管理、科学实验和家庭生活等领域信息化进程，计算机软件系统已经渗透到社会的方方面面，渗透到每个人身边。计算机软件及其应用的发展面临着重大的机遇。

1）计算机软件概述

软件是包括程序、数据及相关文档的完整集合。按其作用可分为系统软件、支撑软件和应用软件三类。（注：也有将软件产品分为平台软件、中间软件和应用软件三类）。

计算机软件具有以下特点：功能适用；可靠性高；功耗低无污染；高成长性；高渗透性；高附加值；高带动性。在计算机（含软件）产业链中，软件起了至关重要的作用，它是计算机系统的灵魂。据统计，利用计算机应用系统所产生的倍增效应可达到百倍甚至更大，例如，上海市民保障卡与交通卡是卡式的计算机嵌入式系统，2 000万张市民保障卡和交通卡芯片的产值是几千万元，对应卡的产值达几亿元，而所带动的上下游的产值则达几百亿元。

2）计算机软件应用“无处不在”，市场前景广阔

从20世纪90年代开始，经过十几年的发展，软件产业俨然已经成为当前国际上最热门领域，正快速促进人类生活的变化，也越来越受到人们的关注。

当前，中国已经进入了后PC时代，计算机应用系统已经在国防、国民经济及社会生活各领域普及应用，计算机软件应用已达到了“无处不在”，同时，当前中国将成为全球最大的计算机软件系统应用市场，可见发展软件系统的迫切性和重要性。

1.1.2 计算机软件系统是加速上海经济持续发展的助推器

在当今信息社会，计算机软件系统的发展和应用极大地推动了诸多工业的相互渗透和飞速发展，逐步改变了人类社会的工作结构和生活方式；计算机系统及应用是提升信息化带动工业化的关键环节，是促进工业信息化的重要技术手段。

当前，嵌入式软件技术已成为信息产业中发展最快、应用最广的计算机技术之一，嵌入式系统与软件正在促进各行业特别是先进制造业向数字化、智能化、网络化快速发展，为网络、计算机和数字处理等信息技术之间的融合提供了强有力的支持，是加速上海经济持续发展的助推器。

1.1.3 发展计算机软件将促进产业结构调整和经济增长方式转变

上海正在加快推进以“四个率先”为主线，努力建设“四个中心”。在经济方面要实现又好又快发展，率先转变经济增长方式是十分重要的一环，而软件及其应用可以在转变经济增长方式方面起重要作用。软件是一种智力密集型产业，它不仅可以提供可观的产值和提升各类产品的附加值，同时它对于资源，能源要求很低，对于环境的影响几乎没有。因此，对于上海这样一个资源、能源相对比较匮乏，环

境保护要求高的现代化国际大都市而言，要转变经济增长方式，大力发展软件自然是一种优先的选择。

1.2　国外软件技术及产业发展状况

1.2.1　国外软件产业发展状况

软件产业是知识密集、能耗低、无污染的绿色朝阳产业，软件产业的高速成长性和产品市场的可扩展性使其成为各国竞争的焦点。

受金融危机影响，2009年全球软件与信息服务业持续下滑，美国、欧盟、日本等发达国家都出现负增长，而中国、印度等发展中国家继续保持增长（但增速下滑），最终全球该年度软件及信息服务业产值出现负增长（－2％）。2009年全球软件产业规模为9857亿美元（其中美国占35.77％，降1.23％；欧盟占25.87％，降0.76％；日本占10.25％，降1.09％；中国从2008年占11.07％上升到2009年占14.5％，达1399亿美元，全球排名第三，亚太第一；印度占6.46％；韩国占2.38％；其他占5.07％，约为500亿美元），预计2015年全球软件产业将达到15124亿美元[1]。NASSCOM预计，其中软件产品市场将由2008年的2940亿美元增长到2015年的5370亿美元。麦肯锡分析，2008年全球软件与信息服务外包市场为5000亿美元，2020年整个软件与信息服务外包产业将达到15000亿美元。

为了支持和发展本国的软件产业，主要国家与地区纷纷推出一系列的措施，助推本国软件产业的发展：

美国：共有软件企业80000多家。世界500强软件企业前10位中有8家公司的总部设在美国，此外，美国还有成千上万家小型软件公司。美国的软件企业发展模式一是硅谷模式，这类企业以被大公司收购为创立目的，着重研发大公司产品欠缺的部分或有缺陷部分的补丁；二是市场引导模式，企业具有很强的市场推动能力，根据市场需求和空白开发产品；三是集成和销售模式，以提供解决方案为主，这种发展模式极大地推动了美国软件产业发展。

政府在美国软件工业的发展中起到了很大作用，提供大量关于研究和发展(R&D)的资金，还为多种形式的IT培训和教育提供补贴。并推出7870亿美元经济刺激方案，其中涉及IT的达700亿美元。

欧盟：启动E-Europe计划作为重大应用来带动整个软件产业的发展，以期在未来软件产业竞争格局中占有先机。欧盟的软件产业涵盖了信息化应用、服务外包、网络软件、嵌入式应用等关键领域和重点产品。西欧软件企业特点是：显示出敏捷的反应能力，纷纷推出各种成套和工业化的解决方案满足用户个性化需求。同时，欧盟软件市场中，软件服务项目日趋丰富、企业资源外包业务增长迅速、网络娱乐软件换代频繁，形成了多极应用推动软件产业的发展态势。

日本：软件企业一般采用的是“经营—开发—后勤”模式来从事软件开发。这一点跟中国国内的软件企业比较相似。但要指出的是这里的“后勤”范围很广，包括后期维护、企业的员工培训和发展计划、系统审计、信息化、企业经营等。

印度：软件产业占据了整个IT产业总产值近80%的份额，软件出口占据了印度整个出口总额20.4%。培育出一批像Tata、Infosys等在国际上具有知名度和竞争力的软件大公司，还逐渐形成了一批软件科技园区和基地。

1.2.2 国外软件技术发展情况

当前，国际上对软件和IT技术提出了以下关注的研究领域[3]：

- Cyber安全和信息保证(CSIA)
- 人机交互和信息管理(HC&IM)
- 高可靠软件和系统(HCSS)
- 高端计算(HEC)
- 大规模网络(LSN)
- 软件设计和效率(SDP)
- 社会、经济对IT发展的影响(SEW)

在软件技术方面，呈现网络、融合、可信、智能、工程与服务化的趋势[5]：

当前，信息时代的基本特征就是网络化。网络化引发了“以机器为中心”向“以网络为中心”的重大变革。软件产业也要面临“以网络为中心”的变革，要研究跨平台的面向网络的软件开发和应用技术。

近期，Gartner发布了2010年十大优先考虑业务和技术及十大行业热点预测：

十大优先考虑技术：虚拟化；云计算；Web2.0；网络、语音和数据通信；商业智能；移动通信技术；数据、文件管理和存储；面向服务的应用和架构；安全技术；IT管理。

十大优先考虑业务：业务流程改进；削减企业成本；增加对信息分析的利用；提高企业员工效率；吸引并留住新客户；管理变革举措；创造新的产品或服务；有效地定位客户和市场；整合业务运作；扩大现有的客户关系。

十大行业热点预测：云计算；4G；智能手机；网络设备共享和运营商功能分离；存储；能源；有线宽带；实时网络；数据中心；Web。

1.3 国内软件技术与产业发展状况[12]

改革开放30年来，中国软件业从无到有、从小到大，已发展成为基础性、先导性和战略性产业，成为信息产业、先进制造业和现代服务业的核心。产生了远远超过其自身价值的经济效益和社会效益，有力地推动了中国经济的发展和社会的进步。

1.3.1　软件产业规模迅速壮大成为国民经济基础性和先导性产业

中国软件产业从 20 世纪 70 年代中期萌芽，80 年代起步，2000 年以后进入了快速发展阶段，产业规模以年均超过 30%的速度高速增长[2]。2000 年中国软件产业规模达到 5 834 亿元，到 2009 年达 9 513 亿元[10]，预计 2010 年的目标规模将为 10 000 亿元，届时在全国 GDP 中占比例将达到 2%。同时，中国软件产业产业结构不断完善，逐步形成了软件科研和技术、基础软件和应用软件产品、软件增值服务、系统集成、嵌入式软件、IC 设计、软件应用、软件人才培养全面覆盖、产业链配置相对齐全的产业结构体系；形成了一批拥有自主创新能力的软件企业集群；涌现一批具有自主知识产权的关键技术和软件产品；激光照排、文档管理、信息安全、信息识别、游戏动漫及嵌入式等软件产品已进军国际市场；对日本、欧、美市场的软件与信息服务外包份额持续扩大。总的来说，在产业发展中以下几点较为突出：

• 软件技术服务成为重要增长点，软件出口保持快速增长。2009 年中国软件出口总额 185 亿美元，同比增 14%[10]。软件出口群体逐渐形成，外包层次不断加大，自主知识产权软件产品出口不断增多，出口价值链逐渐从低端向中高端转移。

• 软件人才充沛。中国软件人才队伍不断发展壮大。截至 2009 年底，软件与信息服务业从业人员达到 300 万，软件人才培养培训体系逐步建立。

• 产业增长既稳又快。2009 年我国软件产业保持快速增长的态势，累计完成软件业务收入 9 513 亿元，同比增长 25.6%，但增速比上年同期低 4.2 个百分点。

• 结构调整进展明显，软件技术服务成为重要增长点。2009 年软件产品收入占据主体地位[6]，累计完成收入 3 288 亿元，占软件产业总收入的 34.56%，同比增长 26.3%。软件技术服务增长迅猛，完成收入 2 126.3 亿元，同比增长 31.4%，增速比全行业高 5.8 个百分点，占软件产业总收入的 22.4%，嵌入式软件实现收入 1 673.6 亿元，同比增长 22.1%，IC 设计收入 222.2 亿元，同比增长 10.1%，系统集成收入 2 202.9 亿元。

• 重点企业运行良好。以软件企业为主的技术创新不断取得突破，国产操作系统、数据库、中间件等重大项目的研发与产业化工作取得成效，国产软件产品及服务的市场竞争力有较明显提升。2008 年销售收入过亿元的软件企业已达 1 448 家(其中超百亿元的 3 家，达 5 亿～10 亿元的 135 家，达 1 亿～5 亿元的 158 家，达亿元的 1 152 家)。

相关数据显示，软件业务收入前百家企业的软件业务收入增速高于全行业 10 个百分点以上，占软件产业收入比重为 20%；平均利润率达 10%以上，高于行业平均水平。

1.3.2　中国软件技术和产业的发展

在软件技术上，根据国际上提出的当代 IT 前沿方向与需优先攻克的关键技

术,我国着重考虑下列方面:

- 网络体系——传感器网和因特网的高效融合
- 集成芯片——从 System on Chip,逐步转向 Chip on Demand
- 虚拟计算——资源聚合的有效性和可靠性检测
- 软件工程——基于网络环境的需求工程
- 知识处理
- 高性(效)能计算系统——需求牵引

1.4 上海软件技术与产业发展现状和特点[4][6][7]

1.4.1 上海软件及产业发展现状

作为信息服务业重点的软件业是推动信息产业结构调整的重要力量,上海软件产业已经形成了较为完善的政策体系、工作机制和管理模式,产业总体规模增长迅速,在软件出口、自主创新、质量管理、软件人才等方面确立了国内优势地位。

• 总体规模迅速增长

自 2000 年(经营收入为 455.2 亿元)以来,上海软件产业保持了持续增长的态势。2009 年上海软件产业总体规模更是跨上一个新台阶,经营收入达到 1 206.19 亿元,同比增长 20%。

• 行业结构不断优化(服务比重大幅提升)

软件产业总收入中软件产品(375.13 亿元)、系统集成(218.3 亿元,占 18.2%)所占的比重下降,而软件服务(307.6 亿元)的比重上升。2009 年尽管软件产品仍是软件收入的主要来源,但其比重为 31.1%;软件服务收入已增加达到 25.5%,高于系统集成 7.3 个百分点。

• 企业利润持续增长

近年来,上海软件产业利润一直保持较快增长速度,利润总额由 2004 年的 29.34 亿元增长到 2009 年的 169.2 亿元,上海软件企业盈利能力呈现持续稳定增长态势。

• 骨干企业逐年成长

2009 年上海经营收入超亿元的软件企业达到 148 家,超 10 亿元软件企业 13 家。“2009 年度国家规划布局内重点软件企业”的名单中,上海共有 27 家企业。在工业和信息化部公布的“2009 年中国软件业收入前 100 家企业名单”中,上海有 8 家软件企业榜上有名。

• 企业素质全面提高

上海软件企业在不断发展壮大的同时,积极通过各类资质认证来提升企业素质,截至 2009 年底上海有效认定软件企业数量达到 2 512 家,2009 年上海通过 CMM/CMMI 3 级以上国际认证的企业达到 113 家。并有 172 家企业获得计算机信息系统集成资质认证。

• 软件出口稳步增长

上海软件出口一直走在全国前列，涌现出了一批龙头出口软件企业，基本实现了从单纯低端开发向高端的、自主知识产权产品和技术的转变。2009年上海的软件出口合同网上登记协议金额达到12.3亿美元。

• 人才队伍建设凸显成效

上海始终坚持以人为本的发展理念，把人才队伍建设作为发展上海软件产业的重点之一，加快建立多层次软件人才培养体系，大力开展学历教育、职业教育、继续教育和各种形式的社会培训，培养高水平、高素质软件人才。至2009年底上海软件从业人员已达到21.8万人，上海信息服务业从业人员已达29.3万人。其中拥有本科及本科以上学历的人员占68%，而硕士以上学历的人才，逐渐成为上海软件从业人员的中坚力量。

• 技术创新成绩显著

技术创新是支撑上海软件产业快速发展的法宝之一。上海不断加大对软件开发技术的研究力度，积极鼓励企业开发拥有自主知识产权产品，大力推进以企业为主体的技术创新体系建设。2009年上海软件产品登记数量达到2 567个，累计(2001～2009年)达到10 249个。2009年上海软件著作权登记数达5 475个，占全国登记总数(67 912个)的8.06%。

• 产业集聚效应凸显

上海的软件园基地已集聚了全市60%的软件企业。上海已拥有1个国家级软件产业基地、1个国家级软件出口基地和7个市级软件产业基地。至2009年底上海已有经营收入超亿元软件企业148家，规模以上信息服务企业3 800家，海内外上市企业21家。这些企业的经营收入在全市软件产业经营收入中的占比和利润的比重都超过50%，集聚效应凸显。

1.4.2　上海软件技术发展及应用热点

2009年上海软件和信息服务业增速有所上升，全年营收已达2 108.11亿元。软件和信息服务业已成为上海现代服务业中发展速度最快、技术创新最活跃、增值效益较大的产业门类之一，展望未来3年后，这一新的“产业支柱”有望实现年度营收3 600亿元，占全市GDP的比重有望达到6%，从业人员将超过40万人。

近期，上海软件技术发展及应用热点主要为：

• 云计算

云计算(Cloud Computing)是一种计算模式，是分布式计算(Distributed Computing)、并行计算(Parallel Computing)和网格计算(Grid Computing)的发展。未来五年云计算服务将急速增长(国际上预计2011年全球云计算市场规模将达到1600亿美元)。

• 基础软件

目前国内在操作系统、数据库、中间件和办公软件这四类基础软件中,分别有多家具备一定规模的国产软件厂商,这些厂商不但拥有自主产权,同时掌握了部分核心技术,在国内市场也有一定范围的应用,正在逐步形成和国外软件巨头在部分领域竞争的态势。上海在国产基础软件方面的技术、产品和产业化推广方面走在了全国的前列。

• 构件技术

构件是面向复用和基于构件的软件开发的核心和基础,也是构件化软件的基本组成单元,是当前研究和应用的热点之一。

• 嵌入式软件[11]

嵌入式系统是以应用为中心,整合了计算机软、硬件、通信以及微电子等技术,通过"量体裁衣"的方式把所需的功能嵌入到应用系统的设备中去,以适应应用系统对于功能、可靠性、体积、功耗以及成本等方面严格要求的一种专用计算机系统。嵌入式软件包括嵌入式操作系统、嵌入式支撑软件、嵌入式应用软件三类。

(1) 嵌入式操作系统:上海以华东计算所的 ReWorks 为代表。

(2) 嵌入式支撑软件:以东软集团研究开发的嵌入式数据库系统 OpenBASE Mini 为代表。

(3) 嵌入式应用软件:嵌入式应用软件是针对特定应用领域的,所以嵌入式应用软件不像操作系统和支撑软件那样受制于国外产品垄断,是我国嵌入式软件的优势领域。

(4) 数字媒体技术:多媒体技术相关的前沿性关键技术,是技术驱动产业发展的原动力。

1.5 上海软件技术与产业发展中面临的机遇和挑战

1.5.1 问题和挑战[11]

• 国际金融危机对软件产业的影响正在深化

当前,主要发达国家的经济衰退对我国软件产业影响并不明显,因为金融危机影响有一定的滞后性,随着危机影响从制造业向相关领域蔓延,软件产业下行趋势将日趋突出。

• 国内市场竞争形势更加严峻

一是跨国公司在欧美市场受挫后,在收缩全球业务的同时进一步加强中国市场布局,这些将使国内软件企业面临更加严峻的竞争压力。二是市场秩序亟待规范,严重影响产业的健康发展。三是国内优势企业面临被恶意收购威胁,问题突出，产业安全形势不容乐观。

• 支撑产业的宏观环境亟待改善

我国软件服务外包有着很大潜在市场，由于国内信用体系不完善、导致很多跨国公司不敢将订单交给中国软件企业。再是，高新技术企业认定的门槛过高，中小软件企业很难享受到政策优惠，影响产业的竞争力。另外，我国中小企业融资渠道相对较少，创业投资体系不够健全，不适合软件产业发展的需求。

1.5.2　发展机遇

• 扩大内需政策将为软件产业提供巨大市场空间

党的十七大提出要大力推进信息化与工业化的融合，将为软件产业发展提供巨大的市场。

• 产业政策环境不断改善

国务院 18 号文件即将到期，新出台的政策将为软件产业提供更大的政策支持。

• 行业整合推动资源优化配置

• 技术发展将提供新的机会

IT 技术发展日新月异，虚拟化技术、云计算等重要技术将带来软件产业格局的新变化。

2　加速发展上海软件技术与产业的对策建议

2.1　上海软件技术与产业发展的关键问题[11]

2.1.1　自主创新能力弱，缺乏核心技术

(1) 在市场进一步细分的前提下，软件企业一定要正确定位，如此才能在某个领域做精做深，才能把握用户需求。

(2) 在利用已有成果上，缺乏持续创新能力。因此，不易形成知名品牌和竞争力强的著名产品。

2.1.2　软件产业链不完善

(1) 缺乏行业领军企业，小规模企业较多，品牌集中度不够明显。

(2) 软件产业链中企业配合与合作的意识与能力较差，专业化分工尚未形成。

(3) 软件的标准化程度不够。

2.1.3　忽视知识产权保护

注重产业推进，忽视知识产权保护。

2.1.4 企业数量多,规模小,产能低

(1) 我国的软件企业在企业规模、技术研发、企业管理、市场营销、国际化能力等各个方面,与软件发达国家存在差距。

(2) 目前上海还没有超过 5 000 人的软件企业,处于这种规模的企业,将面临成长的重要拐点。

(3) 从销售额看,似乎 5 000 万元成了我国软件企业生存、发展的门槛,如何在市场中定位,成为其发展的主要因素。

2.1.5 软件人才培养机制不完善

当前主要依靠高校培养的学生不能立即进入企业角色中,需要适应和再培训。缺乏院校、企业、社会的紧密配合的培养机制。企业缺乏完善的职业再教育体系,社会办学尚未发挥应有的作用,企业对人才的需要始终不能得到满足。

2.1.6 软件企业缺乏快速成长的投融资环境

我国主板证券市场、创业板市场、风险投资、产权交易等进入退出机制还不完善,直接影响到企业的投融资,兼并重组等资产运作和快速发展。

2.1.7 商务成本较高

集中反映在人才薪酬、社会统筹(已占人员薪金近 50%)和办公场地租赁费中。

问题种种,其核心是缺乏一条合理完整的产业链。一定要走出上海,打造长三角软件产业完整合理的产业链。这也是进一步促进上海软件产业发展的道路之一。

2.2 加速上海软件技术与产业发展的对策建议

2.2.1 加强统筹规划,形成产业发展合力

抓紧制定本市促进软件及信息服务业发展的意见和软件及信息服务业统一发展规划。

2.2.2 聚焦重点领域,加强产业引导和培育

本市设立的相关专项资金,聚焦支持软件及信息服务业发展。

2.2.3 加强行业共性技术研究,提高产业自主创新能力

建立技术创新体系,支持突破关键技术,探索信息服务新模式;支持公共技术服务平台建设。

2.2.4 加快产业基地和产业园区建设,促进产业集聚发展

加快建设国家级产业基地和具有特色的信息服务业产业基地和软件园区;鼓励电信运营企业为园区提供优质低价的电信网络服务;支持园区为入驻企业提供全面的公共基础设施服务。

2.2.5　支持企业上市融资，鼓励企业做大做强

出台支持企业上市融资和企业兼并重组的专项政策。

2.2.6　加强公共服务体系建设，支撑软件和信息服务产业发展

建设一批面向行业的公共技术服务平台，完善信息服务业统计和评估体系，建立健全信息服务业发展监测、预警、预测制度。

2.2.7　构建软件和信息服务业多元化投融资体系，形成良性发展机制

建立健全多元化投融资体系，完善风险投资机制，鼓励金融机构加大对软件和信息服务业的金融支持，积极推动具备条件的企业上市。

2.2.8　加快标准体系建设和知识产权保护，规范产业发展软环境

鼓励企业参与、开展相关标准体系建设，引导企业加大知识产权投入，加大知识产权保护执法力度。

2.2.9　加强招商引资和国际交流，拓展提升软件和信息服务业新业态、新领域

搭建招商引资和国际合作交流平台，加大引进企业力度，支持本市企业走向国际市场，不断提升相关产业的发展水平，积极培育和拓展新兴业务在上海的发展。

2.2.10　实施国产基础软件和工业软件振兴计划

加强对国产基础软件的支持和研制，鼓励和扶持对国产基础软件的应用，在电子政务建设中逐步实现国产基础软件的替代应用，支持构建上海国产软件应用推进联盟和产学研用相结合的工业软件联盟。

2.3　重视产品策略、价格策略、渠道策略、销售策略、服务策略和品牌策略

2.3.1　产品策略

打破“重技术、轻需求”的研发误区，正确进行产品市场定位，加强软件产品过程管理，有效降低运营成本。

2.3.2　价格策略

基于弹性需求，提供灵活的价格体系，低价策略与变化营销相结合，应对价格战。

2.3.3　渠道策略

适时调整，建立适应性渠道体系，合理布局与精细化管理并重，提高渠道忠诚度。

2.3.4　销售策略

从代理营销向服务营销转型，集中资源于营销的关键环节，提升营销系统的竞争力。

2.3.5　服务策略

建立合作互动机制，推行规模化服务体系，提高服务执行力，体现服务价值。

2.3.6 品牌策略

共性概念与个性概念相结合，分阶段塑造产品品牌，强化品牌整合，推进品牌概念营销。

参考文献

[1] 中国软件市场研究年度总报告[R]. CCID. 2009-2010.

[2] 陈冲. 中国软件产业发展现状与趋势[J]. 软件产业与工程，2008-10.

[3] 汪成为. 加速我国 IT 跨越式发展的六项关键技术[J]. 软件产业与工程，2008，10.

[4] 上海市经济和信息化委员会. 2009 上海信息化年鉴[M]. 2009-8.

[5] 严隽薇. 软件产业中的技术发展趋势[J]. 微型电脑应用，2009(12).

[6] 杨根兴，等. 2009 年上海软件技术及产业发展报告[R]. 2009-8.

[7] 邵志清. 上海信息服务业发展情况介绍[R]. 2010-2.

[8] 上海市企业信息化促进中心. 嵌入式系统应用及其本市产业化重点[R]. 2009，3.

[9] 何积丰. IT 前沿技术[J]. 微型电脑应用，2009(1).

[10] 网易科技. 中国软件出口产值达 185 亿[N]. 扬子晚报，2010-5-23.

[11] 上海市企业信息化促进中心. 嵌入式系统应用及其本市产业化重点[R]. 2009-12.

[12] 工业和信息化部软件服务业司、运行监测协调局，中国软件行业协会. 2010 年中国软件与信息服务业发展研究报告[R]. 2010-4.

软件技术发展趋势研究

朱仲英

摘　要　软件技术是信息技术产业的核心之一，也是软件产业、信息化应用的重要基础。当前，信息技术正处于新一轮重大技术突破的前夜，它将有力地推动信息产业、软件产业的发展，同时会对软件技术提出新的需求，也必将引发软件技术的重大变革。文章通过对影响软件技术发展主要因素分析，认为近期软件技术的发展趋势是以网络化、融合化、可信化、智能化、工程化、服务化为特征，并且呈现出新特点与新内涵，以适应软件产业对软件技术的新要求。文中详细诠释了软件技术发展趋势的新特点和新内涵。最后指出，软件产业的发展必须以软件技术为基础，软件技术的发展必然以软件产业为动力。

关键词　软件技术；互联网；融合；智能；服务

Research on Trends of Software Technology Development

ZHU Zhong-ying

Abstract　Software technology is not only the core of information technology industry, but also the important foundation of software industry and information applications. Nowadays, information technology, which is on the eve of the breakthrough of a new round critical technology, will greatly push the information industry and software industry forward to new development, put new requirements for software technology and also certainly lead momentous changes in software technology. Through the analysis of main factors of affecting software technology development, this paper presents that software technology is quickening towards networking, convergence, trustworthy, intelligence, engineering and servicing. And new features and new connotations of the trends of software technology development are interpreted in detail. Finally, it is pointed out that software technology serves as the foundation of software industry, while software industry is the driving force for development of software technology.

Key words Software Technology, Internet, Convergence, Intelligence, Service

引言

计算机软件是计算机系统执行某项任务所需的程序、数据及文档的集合，它是计算机系统的灵魂。从功能上看，计算机软件可以分为系统软件、支撑软件和应用软件。系统软件和支撑软件也称为基础软件。它是具有公共服务平台或应用开发平台功能的软件系统，其目的是为用户提供符合应用需求的计算服务。因此，应用需求和硬件技术发展是推动软件技术发展的动力。

软件技术是信息技术产业的核心之一，软件技术的发展是与信息技术产业的发展互相促进的。当今世界，信息技术正处于新一轮重大技术突破的前夜[1]。预计今后20～30年是信息科学技术的变革突破期，可能导致21世纪下半叶一场新的信息技术革命[2]。近年来，从IT界到一些国家首脑，都高度关注以物联网为标志的新一轮信息技术的发展态势，认为这是继20世纪80年代PC机、90年代互联网、移动通信网之后，将引发IT业突破性发展的第三次IT产业化浪潮。每一次重大的信息技术产业的变革，都会引起企业间、产业间甚至国家间竞争格局的重大变化，也促进了软件技术与软件产业的重大变革和发展。

2008年的国际金融危机，引发了各国抢占科技制高点的新技术革命，全球将进入空前创新密集和产业振兴的时代。软件产业和软件服务业因其具有知识密集、低能耗、无污染、高成性、高附加值、高带动性、应用广泛与市场广阔的特点，而成为知识生产型、先导性、战略性的新兴产业，成为信息技术产业的核心和国民经济新的增长点，也成为世界各国竞争的焦点之一。

随着应用需求的日益增长、信息技术的迅速发展和计算机硬件环境的升级换代，信息化应用更为广泛深入，计算机网络技术，特别是互联网(Internet)及其应用的快速发展，使软件所面临的运行环境，从静态、封闭逐步走向动态、开放。为此，系统软件和支撑平台，朝着基于Internet网络、基于构件的分布计算、基于网络环境的需求工程和新型中间件平台的方向转型与发展。网络操作系统、JAVA语言、中间件等的出现与发展就是明证。

现在，信息化应用环境正经历着新的变化，如“云计算”、“无线网”、“传感网”、“物联网”、“泛在网”、“智慧地球”等的出现与发展，必然导致软件技术为适应这种新变化，而发生巨大的变革与发展。同时，信息技术和人工智能技术的发展与融合，促使数据处理、信息处理向知识处理的阶段转型与发展。由此将催生新的软件技术与软件产业，这是值得密切关注的信息技术和软件技术发展的新趋势。

1　关于信息技术和软件技术发展趋势的分析与判断

近年来，信息技术、软件技术、软件系统与软件产业的发展备受关注，已有不少论述、分析与判断，其中较重要的有：

2008 年 10 月，江泽民在《上海交通大学学报》撰文“新时期我国信息技术产业的发展”提出：“20 世纪 90 年代以来，信息技术继续朝着数字化、集成化、智能化、网络化方向前进”，“软件系统加快向网络化、智能化和高可信的阶段迈进”[1]。

2008 年 10 月，工业和信息化部颁布的《软件产业“十一五”专项规划》分析软件技术发展趋势时指出：“我国信息化的不断推进和网络的广泛普及，对软件技术和产品提出了更多需求。软件技术正朝着网络化、可信化、服务化、工程化和体系化方向发展，软件技术的不断创新和广泛应用，将促进和带动软件和软件服务的发展”[3]。

2009 年 6 月，国家工业和信息化部部长李毅中在“第十三届中国国际软件博览会”演讲中再次提出：“当前，软件系统加快向网络化、智能化和高可信的阶段迈进，软件即服务是重要的发展方向”[4]。

2009 年 9 月，中国科学院信息领域战略研究专家组认为，21 世纪信息科学技术发展呈现出开放化、融合化、泛在化的新特点和新的发展趋势；近 10 年内网络技术经历宽带化、移动化和三网融合将走向基于 Ipv6 的下一代互联网，2020 年以后，世界各国将共同构建 IP 后（post-IP）的新网络体系。即构建“惠及全民、以用户为中心、无处不在的信息网络体系（Universal，Useroriented，Ubiquitous Information Netwok Systems，U-INS）”[2]。

2010 年 1 月，国家 863 计划信息技术领域办公室和国家 863 计划信息技术领域专家组，在上海举办“信息—物理融合系统 CPS（Cyber—Physical System）发展战略论坛”，提出“信息—物理融合系统 CPS 是一个综合计算、网络和物理环境的多维复杂系统，是信息和物理世界的深度的融合交互、可实现大型工程系统的实时感知、动态控制和信息服务，使系统更加可靠、高效与实时协同，使得人类物理现实和虚拟逻辑逐步融合，具有重要而广泛的应用前景[5][6]。”

此外，综合近年来美国网络和信息技术国家协调办公室、美国自然科学基金委、Gartner 等国际 IT 权威机构发布的信息显示，当前国际上关注的 IT 前沿技术与需优先攻克的关键技术有 10 个方面[7]：

（1）大规模网络体系：传感器网和互联网的高效融合。

（2）高端计算（虚拟计算、网格计算、云计算、泛在计算）：资源聚合的有效性和可靠性检验。

(3) 系统芯片(集成芯片):从片上系统(System on Chip)转向按需芯片(Chip on Demand)。

(4) 软件工程:基于网络环境的需求工程。

(5) 知识处理(海量数据库和数据挖掘):挖掘从信息到知识到决策的元知识。

(6) 高效系统:在高性能计算系统中特别关注高效能。

(7) 高可靠软件和系统。

(8) 移动和无线通信。

(9) 开放源码。

(10) 面向服务的体系结构(SOA)。

在这10个方面中,几乎都是与软件技术直接或间接相关的,由此,可以足见软件技术的重要程度。

根据以上论述、分析或对发展趋势的判断,结合我们对软件技术在信息技术产业、软件产业和信息化应用方面的作用和地位的理解,并考虑到软件技术自身的特点,我们认为:未来一段时期,软件技术发展的主要趋势可以概括为:网络化、融合化、可信化、智能化、工程化、服务化[8][9],并且呈现出新特点和新内涵。以下分别就网络化、融合化、可信化、智能化、工程化、服务化的新特点和新内涵逐一加以诠释。

2 软件技术发展趋势及其新特点与新内涵

2.1 网络化

随着信息网络技术的不断进步和运行环境的多样性,在软件发展过程中,开放化、分布化、虚拟化、无线化、互联化、物联化与泛在化等都是其网络化的不同表现形式,使网络化的内涵更加丰富多彩。网络化引发了“以机器为中心”向“以网络为中心”的过渡,并将改变应用与技术模式。软件技术也面临“以网络为中心”的变革,新一代软件将基本以网络为中心来实现各种复杂的分布式应用[3]。软件技术网络化走向开放化主要表现在标准化、源代码开放与互联互通三个方面。软件中的核心——系统软件由16位、32位虚拟地址向64位虚拟地址过渡,以满足互联网接入需要;开放式操作系统Linux成为互联网新的生力军,它有三大优势:代码开放、分布式开发环境和适应各种平台,并且是首先执行TCP/IP协议的操作系统之一[9]。

网络作为基础,在网络上运行的是各种分布计算,如普适计算(Pervasive Computing)、网格计算(Grid Computing)、服务计算(Services Computing)、云计算

(Cloud computing)等，它们都是分布式计算技术的具体应用和发展。作为第三代计算模式的代表普适计算是当前计算技术的研究热点，在普适环境下人们能够使用任何设备、通过任意网络、在任意时间都可以获得一定质量的网络服务[10]；普适计算可以看成是从人机交互的角度来探讨未来网络系统的应用模式；同样地，云计算作为一种新兴的计算模式，是并行计算、分布计算和网格计算的发展，是计算能力通过互联网的聚合和共享，是分布计算技术的高层次应用模式，可以把网络中的各种资源虚拟成一台计算机，向用户提供所需的计算资源；云计算平台作为一种实现海量计算动态分配的新技术平台，将构成未来数据中心大规模应用的基础，是中间件技术发展的重要趋势，是实现物联网中高效、动态、海量计算的基石之一[11][12]；云计算可以看成是从资源共享与管理的角度，探讨未来网络系统的应用与构造模式。因而，软件的网络化服务也是下一代软件技术的重要特征。

网络软件的发展趋势是在网络体系结构的基础上，建造网络应用的支撑平台，为网络用户和应用系统提供良好的运行环境和开发环境。网络中各种软件技术将相互融合、相互促进，软件的基本模型越来越符合人类的思维模式。在计算机网络软件方面未来主要的研究方向有：全网界面一致的网络操作系统，不同类型计算机网络的互联(包括远程网与远程网、远程网与局域网、局域网与局域网)，网络协议标准化及其实现，协议工程(协议形式描述、一致性测试、自动生成等)，网络应用体系结构和网络应用支撑技术研究等[13]。

以传感网与物联网为标志的第三波全球IT产业化浪潮的来临，将催生大量传感网与物联网系统中的软件(包括感知层、传输层与应用层)、各类网络的接入与互联(包括传感与移动通信网，移动通信网与互联网、物联网与互联网)、中间件以及数据挖掘与分析软件；软件和中间件是物联网的灵魂[11]。需要集中攻克制约物联网软件发展的各种因素：计算与物理的差异性，程序的时空特性，系统的不确定性，物联网领域语言与高可信软件验证等[14]。

2.2　融合化

(1) 终端产品的功能“融合”，“智能化产品”前景广阔。

随着数字模拟融合、微机电融合、硬软件设计融合的趋势，具有性能高、成本低和体积小等特点的新一代系统级芯片(System on chip，SOC)成为IT发展方向；最典型的就是个人计算机、通信、消费电子与内容的功能融合，即4C(Computer Communication Consumer Content)技术融合，形成“智能化产品”或“数字家庭产品”。研发符合开放标准的软硬结合，软件固化的嵌入式基础软件和嵌入式应用软件，使嵌入式技术广泛地应用于各行各业，将成为后PC时代IT领域发展的重要趋势；10年后无所不在的传感器网络，将进一步推动RFID与移动通信、传感技术、生物识别等技术的融合；嵌入式技术与互联网技术的"深度"融合，嵌入式产品将成为互联网的主要终端之一，嵌入式基础软件将成为互联网接入设备的基础。

(2) 操作系统、数据库和中间件等融合的体系化趋势促使软件平台向一体化方向发展，软件平台体系竞争趋势凸显。

在网络运行环境下，软件运行平台需要连接并管理网络上数量众多的异构、自治的硬件资源和软件资源，包括主机、操作系统、数据库和应用等。在这种需求的驱动之下，软件中间件便成为网络环境下的软件运行平台。随着网络环境的快速发展，原有各种不同功用的中间件，如数据访问中间件、消息中间件、分布计算中间件等，正在不断融合，呈现出一体化的趋势[15]。体系化趋势促使软件平台向一体化方向发展，操作系统、数据库和中间件一体化趋势明显，软件的竞争逐渐发展成软件平台体系竞争，软件平台体系将成为网络环境下各种应用服务的支持基础[3]。

(3) 应用层面或产业层面的融合，IT 产业与传统产业的渗透融合，信息化与工业化的融合(两化融合)势在必行；"工业软件"需求旺盛。

在迈向信息社会过程中，信息技术广泛融入社会生产与社会生活，工业化与信息化逐步融合，将使人类社会的生产和生活方式发生重大变革。信息产业与相关产业融合，将催生一系列新兴的融合产业，如，物联网和智慧地球就是融合产业的典型。物联网是传感网、移动通信网与互联网的智能融合，智慧地球是物联网与互联网的智能融合。工业化与信息化的融合，是我国软件技术产业发展的必然趋势。

工业软件指的是能够使机械化、电气化、自动化的生产装备具备数字化、网络化、智能化特征的软件，它不是一般意义的软件，而是一个复杂的系统工程，其最终目标是提供一个面向产品全生命周期的网络化、协同化、开放式的产品设计和制造平台[16]。由于传统产业改造升级以及行业信息化发展步伐的加快，将对行业应用软件产生巨大的需求，为满足市场对"工业软件"的需求，大力发展工业软件，促进工业化与信息化的融合势在必行。

(4) 各类异构多网融合，构建无处不在的全新网络环境——泛在网(Ubiquitous Network)是大势所趋。

"三网融合"是电信网、广播电视网、计算机网的发展方向，通过"三网融合"充分利用各种卫星、地面无线和有线的接入手段[2]；传感网与互联网、信息与物理系统融合(CPS)其本质是 3C(Computation，Communication，Control)技术的有机融合与深度协作，是信息和物理世界的深度融合交互，是计算、物理和控制等多学科的交叉与融合[5][6][14]。传感器网、通信网、互联网和识别技术融合集成将构建未来泛在网，实现人与人、人与物、物与物之间任何时间、任何地点的通信网络。其最终目标是实现传感器网、通信网、互联网、物联网的深度融合和协同。

(5) 其他信息技术和软件技术融合化还表现在：数据库与万维网的融合；数据

库和信息检索的融合;时空数据库与传感器网络技术的融合;数据库与移动技术的结合等。

2.3　可信化

在计算模式向“以网络为中心的环境和面向服务的体系结构”发展中,软件的运行环境(包括网络环境、物理环境)不断开放和动态变化,使得软件构件在无监督下实现可信安全交互的需求日趋强烈。然而目前的理论、技术和管理储备,均不足以应对开放性带来的挑战[17][18]。例如,无线通信的广泛采用,可能会给网络中引入不良的构件;开源软件的大量引入,对传统的软件质量提出了挑战等。

一般认为,软件的“可信性”是指软件系统的动态行为及其结果能符合使用者的预期,即使在受到干扰时仍能提供连续的服务。它强调目标与现实相符,强调行为和结果的可预测性和可控制性[17][18]。而可信软件生产技术则是以提高软件可信性为主要目的的软件生产技术。目前,与可信相关的研究正在全世界蓬勃发展。可信软件的主要内涵是安全、正确、可靠、稳定,高可信技术将大大提高软件产品的可用性、安全性和可靠性,成为网络技术应用的关键[3]。高可信软件生产工具及集成环境是基础软件的重要组成部分,既是软件技术发展的技术制高点之一,也是我国软件产业发展的关键基础,具有重要的现实意义和长远的战略意义。我国《国家中长期科学和技术发展规划纲要(2006～2020年)》中将可信软件系统列为国民经济和社会发展重点领域之一的“现代服务业信息支撑技术及大型应用软件”优先发展主题的重要内容。从目前现实来看,我国可信软件产业已有了一定程度的发展,但尚处于初级探索阶段。所以,大力发展我国自有知识产权的可信软件及相关技术势在必行。

2.4　智能化

人的认知系统对信息和知识的处理、加工与利用的能力远远超过现有的任何计算机信息处理系统。探索智力的本质,研制具有更高智能的机器和信息处理系统就成为历史的必然[2]。

从计算机应用系统的角度出发,人工智能是研究如何制造智能机器或智能系统来模拟人类智能活动的能力,以延伸人们智能的科学。新一代操作系统智能化,表现为不仅能发现问题,而且具有自动修复、自动调整等能力,能够在硬件出现故障时,自动屏蔽相应的硬件设备,从而保护重要的数据[13];物联网的核心是解决通过智能化获取信息、传输信息和处理信息问题;智慧地球的核心是解决“更透彻的感知、更全面的互联互通和更深入的智能化”[8][19],即物联化、互联化和智能化,只有智能化才能加速实现“数据—信息—知识—决策—行动”的转化过程,软件智能化是软件技术发展的重要趋势。近年来，自然计算(Nature Inspired Computation)顺应当前多交叉学科不断产生和发展的趋势，其内涵与外延不断扩展，应用领域包括复杂优化问题求解、智能控制、模式识别、网络安全、硬件设计、社会经济、生态环境等方面，具有广阔的应用前景[20]。

目前软件智能化的发展趋势表现在：

(1) 从低级走向高级(逻辑推理—拟人智能)。

(2) 从浅层走向深层(模拟行为—模拟情感)。

(3) 从分立走向融合(观点分立—达成共识)。

(4) 从软件走向知件(数据处理—知识处理，科学计算—社会计算)[10]。

(5) 从理论走向应用(理论研究—应用推广)。

(6) 从微小型走向巨大型(单体、微型、小型—多体、大型、巨型、全球)。

综上所述，"信息—知识—智能转换理论"将成为信息时代科技的灵魂[21]。智能科学技术是现代科学最广阔、最丰富的领域。基于认知机理的智能信息处理在理论与方法上的突破，有可能带动未来信息科学与技术的突破性发展。发展新的智能科学与技术，是今后50年的重要目标[2]。

2.5 工程化

从20世纪70年代开始，"软件工程"的概念和方法逐步得到实际应用，以工程化的生产方式设计、开发软件；工程化趋势推动复用技术和构件技术发展，降低了软件开发的复杂性，提高了软件开发的效率和质量[3]。但是，传统的软件工程方法学体系，本质上是一种静态和封闭的体系，难以适应Internet开放、动态、多变的特点。为了适应这种新特点，软件系统开始呈现出一种柔性可演化、连续反应式、多目标自适应的新系统形态。从技术的角度看，在面向对象、软件构件等技术支持下的软件实体，以主体化的软件服务形式存在于Internet的各个节点之上，各个软件实体相互间通过协同机制进行跨网络的互联、互通、协作和联络，从而形成一种与WWW相类似的软件Web(software Web)，这种Internet环境下的新的软件形态称为网构软件(Internet Ware)[17]。网构软件技术与方法已成为新一代软件工程化开发方法的新趋势，它是实现面向Internet的软件产业工业化与规模化生产的核心技术基础之一。

产品线(Product Line)是一个产品集合，这些产品共享一个公共的、可管理的公共特征集，这个特征集能满足选定的市场或任务领域的特定需求。这些系统遵循一个预描述的方式，在公共的核心资源基础上开发。软件产品线是一种基于架构的软件复用技术，有利于形成软件产业内部的合理分工，实现软件专业化生产[10]。

2.6 服务化

软件即服务(SaaS)已成为软件产业或软件服务发展和未来管理软件并提供服务的重要趋势。体现在运行平台上的服务融合,即通信服务、内容服务、计算服务等方面的融合。服务化趋势使各种软件产品以服务的方式向用户提供,这将极大地改变软件应用模式和商业模式,进而影响软件产业的格局[3]。服务计算(Services Computing)的目标,是以服务作为应用开发的基本单元,能够以服务组装的方式快速、便捷和灵活地生成增值服务或应用系统,并有效地解决在分布、异构的环境中数据、应用和系统集成问题。软件服务的本质就是人们不再需要拥有软件产品本身,而是直接使用软件所提供的功能[15]。云计算就是一种基于虚拟化网络环境的新型的服务计算模式(云服务),是一种共享基础架构的方法,其核心是整合网络系统所有的计算资源、数据存储和网络服务,使各种应用系统能依据需要,动态地获取各种资源和软件服务。连接网络的大量数据中心构成云端,云端既可以通过互联网向用户提供基础架构即服务(IaaS),也可以提供平台即服务(PaaS)以及软件即服务(SaaS)。平台和软件,各种服务(XaaS)都可以从网上得到[2]。但是,在开放网络环境下,仍有一些问题亟待解决,包括快速准确的服务发现、明晰一致的服务语义、按需的服务协同、灵活的服务组装、可信的服务质量、跨域服务的安全保障等[15]。

当前,全球范围内的信息产业结构调整日趋明显,软件服务业的增速加快,我国的软件服务业面临难得的发展机遇。发展软件服务业,为其快速发展提供良好的支撑,建设软件与信息服务外包公共支撑平台,健全相应的知识产权和信息安全保护体系,大力培育服务外包国家品牌、服务外包人才和骨干企业,做大做强软件服务外包产业势在必行[3]。

3 结语

软件技术与软件产业的发展是我国工业化和信息化的关键。软件产业的发展必须以软件技术为基础,软件技术的发展必然以软件产业为动力。软件技术与软件产业发展的关键在于应用,只有以应用需求为导向,才能带动软件技术与软件产业持续地发展。本文关于软件技术发展现状与趋势的分析、研究及判断,是一个团队经过相当一段时间调查研究与学术研讨的结果,期望能对我国及上海市的软件技术与软件产业或软件服务的发展有所助益。准确地预见未来软件技术的发展趋势是一件困难的事情。鉴于所讨论的问题涉及面广,且限于我们所掌握的材料、自身认识和判断的局限性,因此,殷切期望关心软件技术发展的同仁们进行共同讨论并赐教。

参考文献

[1] 江泽民. 新时期我国信息技术产业的发展[J]. 上海交通大学学报,2008,(10):1589-1607.
[2] 中国科学院信息领域战略研究组. 中国至2050年信息科技发展路线图[M]. 北京:科学出版社,2009.
[3] 工业和信息化部. 软件产业"十一五"专项规划[EB/OL]. http://www.miit.gov.cn/ 2008-10.
[4] 李毅中."第十三届中国国际软件博览会"演讲[R]. http://www.miit.gov.cn/,2009-6-11.
[5] 国家863计划信息技术领域办公室和国家863计划信息技术领域专家组. 信息—物理融合系统CPS(Cyber-Physical System)发展战略论坛纪要[R]. 2010-1-15.
[6] J Sztipanovits, J A Stankovic, D E Corman (Eds). Industry—Academy Collaboration in Cyber Physical Systems(CPS) Research White Paper [EB/OL]. http://www.cra.org/ccc/docs/CPS-White%20Paper-May-19-2009-GMU-v1.pdf,2009.
[7] 何积丰. IT前沿技术[J]. 微型电脑应用,2009(1).
[8] 朱仲英. 传感网与物联网的进展与趋势[J]. 微型电脑应用,2010(1).
[9] 严隽薇. 软件产业中的技术发展趋势[J]. 微型电脑应用,2009(12).
[10] 张凯. 计算机科学技术前沿选讲[M]. 北京:清华大学出版社,2010.
[11] 周洪波. 物联网技术、应用、标准和商业模式[M]. 北京:电子工业出版社,2010.
[12] 朱近之. 智慧的云计算—物联网发展的基石[M]. 北京:电子工业出版社,2010.
[13] 虞慧群,等. 基础软件技术发展趋势[J]. 微型电脑应用,2010(8).
[14] 何积丰. 物联网系统中的软件[C]. 2010中国(无锡)国际物联网峰会暨嵌入式技术创新应用大会,2010-4-20.
[15] 梅宏,等. 互联网时代的软件技术:现状与趋势[J]. 科学通报,2010,55(13):1214-1220.
[16] 徐建华. 工业化信息化融合是必由之路[N]. 中国质量报,2008-6-16第002版.
[17] 杨芙清,等. 网构软件技术体系:一种以体系结构为中心的途径[J]. 中国科学E辑:信息科学,2008,38(6):818-828.
[18] 刘克,等."可信软件基础研究"重大研究计划综述[J]. 中国科学基金,2008,3.
[19] 彭明盛. 智慧的地球[N]. 人民日报,2009-7-24第009版.
[20] 汪镭,等. 自然计算发展趋势研究[J]. 微型电脑应用,2010(7).
[21] 钟义信. 人工智能:进展与挑战[J]. 微型电脑应用,2009(9).

基础软件技术发展趋势研究

虞慧群

摘　要　基础软件是具有公共服务平台或应用开发平台功能的软件系统，包括操作系统、网络软件、办公软件、编程语言、中间件、数据库、嵌入式软件。基础软件是众多IT业务功能得以实现的支撑工具和平台，在软件产业发展中起到举足轻重的作用。文章从分析基础软件的基本概念和特性出发，对基础软件的内容、需求、技术、产品等方面进行了系统论述。文中探讨了现有的主流开发技术及未来的发展趋势。通过分析现有部分国产软件系统在一些典型领域的应用，揭示我国基础软件发展的现状和难题，为现有国产基础软件产业的发展提供决策参考。

关键词　基础软件；软件工程；软件服务；软件产业

Research on Technique Development Trends of Foundational Software

YU Hui-qun

Abstract　Foundational softwares are systems that serve either as public service platforms, or as application development platforms. These systems include operating systems, networking softwares, office suites, programming languages, middlewares, databases, and embedded softwares. Foundational softwares are supporting tools and platforms from which various IT functions are implemented, and are therefore of paramount importance to software industry. This chapter surveys various aspects of foundational software, including basic concepts, characteristics, contents, requirements, techniques and products. Main streams of foundational software, as well as future development trends are addressed. Based on analysis of typical application domains, we explore the current situation and limitation of foundational software development in China. This survey aims to assisting decision making for domestic foundational software industry policy.

Key words　Foundational Software, Software Engineering, Software Service,

Software Industry

1 操作系统

从操作系统的结构方面出发,其技术的发展趋势主要有虚拟化技术、云计算技术、按需操作系统技术和多核技术。从操作系统的开发理念上看,主要关注于操作系统技术的标准化和开源操作系统。从操作系统的用户需求出发,主要的技术点在于操作系统的安全性、智能化和绿色化。

1.1 虚拟化

在计算机科学中,虚拟化(Virtualization)是一个表现逻辑群组或电脑资源的子集的进程,用户可以用比原本的组态更好的方式来存取这些进程[1]。Gartner对操作系统虚拟化的定义是:共享的操作系统虚拟化允许多个不同应用在一份操作系统拷贝的控制下隔离运行。单一的根操作系统,或称宿主操作系统,通过划分其特定部分,成为一个个隔离的操作执行环境,供程序运行。操作系统虚拟化的关键点在于从应用和操作系统之间的层次横切一刀,将操作系统资源访问虚拟化。对上而言,让应用相信它是运行于单独的操作系统实例中;对下而言,翻译和转换上层应用的命名空间、资源进程需求,使之和谐共存于底层的一个操作系统内核和硬件资源之中,从而达到更细粒度的资源控制和更有效的可管理性。操作系统虚拟化强调的是在单一操作系统内核实例的基础上实现虚拟化[2]。

为了应对各种各样不断增加的不同业务需求和应用,需要不断增加服务器数量。其中大部分服务器和资源在多数时间被闲置,在业务量高峰时被占用的程度却接近满载。虚拟化技术为解决这个矛盾提供了出路[3]。然而,操作系统虚拟化技术并不是完美的,也无法全面替代虚拟机技术[4]。操作系统虚拟化技术的主要局限在于它不支持在一台物理服务器中实现多种操作系统。如果某个组织希望在单台Linux、Windows或Sun Solaris物理服务器集成或部署多种不同操作系统的虚拟服务器,它可能不太倾向于选择虚拟操作系统技术。SUN公司的Solaris Containers只支持Solaris,而SWsoft公司的Virtuozzo可以同时支持Linux和Windows。SWsoft的Linux版Virtuozzo服务器支持在虚拟服务器上实现同版本内核的不同Linux发行版。对于操作系统虚拟化技术,如何处理好不同类型操作系统之间的关系和融合成为决定其命运的关键。

1.2 云计算

云计算是一种基于互联网的计算新方式,通过互联网上异构、自治的服务为个人和企业用户提供按需即取的计算。云操作系统旨在将大型基础架构集合(CPU、存储、网络)作为一个无缝、灵活和动态的操作环境进行全面管理。与普通操作系统管理单独计算机的复杂性类似,云操作系统数据中心的管理非常复杂。VMware公司认为,传统的IT解决方案是将紧密耦合的软硬件堆积在一起从而无法灵活地满足客户的需求[5],虚拟化是实现云计算的关键支撑技术。

云操作系统允许IT专业人员通过为所有应用程序提供内置的可用性、安全性和性能保证,从而按照预定义的服务等级协议自动管理应用程序。也允许在由可轻松更换的行业标准组件构成的高度统一、可靠、高效的基础架构上运行应用程序。IT专业人员也可以跨内部或外部计算云移动应用程序并保持相同的服务级别预期,以实现最低的总体拥有成本和最高的运营效益。云操作系统可实现极为简化和更加高效的计算模型。在此新模型中,客户定义所需的结果,计算基础架构则准确地保证能够获得这些结果。IT专业人员可以部署应用程序,例如指定服务级别、响应时间、安全策略和可用性。云操作系统则以最低的成本实现这些规范,并将维护降至最低限度。云操作系统简化了计算。

2009年4月,VMware公司宣布推出了业界首款云计算操作系统VMware vSphere 4。谷歌和微软也不甘落后。谷歌Chrome OS操作软件的亮相,为个人用户带来了更加实在的“云计算”体验。微软也宣布于2010年推出Windows Azure云计算系统,正式加入到与谷歌、亚马逊等IT巨头的竞争当中。然而,在目前的实际应用中,无论是服务提供商还是业界专业技术人员,都表示在未来云计算广泛应用中,如何确保存储数据的安全仍是最重要的方面。谷歌官方也宣称如果用户需要用电脑处理重要数据,那云操作系统并不适合。因此云操作系统在很大程度上只能作为现有桌面操作系统的辅助。

1.3　按需操作系统

按需操作系统(Just Enough Operating System,简写为JeOS)不是通用的一刀切的操作系统。相反,它指的是个性化的刚好符合特殊需求的操作系统,这个应用系统要求手动定制,或使用专门的工具,如rPath的rBuilder工具[6]。

与传统的操作系统不同,一个JeOS只提供应用程序得以运行所必需的组件,包括接口、功能、库和服务。在虚拟机设备内,JeOS和软件一起打包封装好来构造预构建的、预配置的、准备好运行的应用。JeOS是一个轻量级的、低存储空间封装、安装简单的系统。它只包含了启动、文件系统、存储设备、网络和管理封装所必需的代码[7]。现有的商业JeOS有基于Linux的Ubuntu JeOS,Novell的SUSE JeOS,Oracle公司的OEL JeOS和基于OpenSolaris的Sun公司的JeOS,基于CentOS的Orange JeOS,以及Windows Server Core和Fedora AOS。

1.4 多核架构操作系统

硬件技术的飞速发展和双核乃至多核的计算机的普及使得运用硬件资源为应用程序提供运行平台的操作系统也要有相应的调整。现在绝大多数操作系统都支持多核平台以及多线程及超线程技术。而对于安全有特殊需要的 Linux 安全操作系统,在多核平台上运行多线程的应用程序时可能会出现一些新的情况,而在特定条件下,它们会对系统的安全和稳定构成威胁。这些问题主要体现在存储缓存和线程优先级方面[8]。

微软在 Vista 和 Windows7 系统推出了 64 位版本,在下一代将推出 128 位的操作系统。因此未来在多核处理器架构方面操作系统将会有更好的技术支持和优化。

1.5 操作系统标准化

标准化是衡量操作系统很重要的标志。操作系统的标准化本质上是技术、操作和服务模式的标准统一[9]。利用标准化可以使操作系统各级产品真正做到互联、互通和互操作。随着组件化、模块化技术的不断成熟,操作系统内核将呈现出多平台统一的发展趋势。如采用组件技术可以灵活地进行扩展和变化,有效地实现多种操作系统内核技术的统一。

POSIX 表示可移植操作系统接口,它包括了系统应用程序接口 API,以及实时扩展 C 语言。POSIX 在源代码级别上定义了一组最小的 Unix(类 Unix)操作系统接口。IEEE 开发 POSIX 最初是为了提高 UNIX 环境下应用程序的可移植性。然而,POSIX 并不局限于 UNIX。许多其他的操作系统都支持 POSIX 标准。

1.6 开源操作系统

当前开源技术已经融入到人们生活的方方面面。开源操作系统最大的特点就是开放源代码和自由定制。据 Gartner 的研究报告指出,到 2011 年,至少 80%的商业软件都将包括大量的开源代码。封闭的 OS 尽管能为企业盈利巨大,但如今操作系统的开源,也是大势所趋。包括 IBM、HP、Intel、Oracle、Sun 等众多系统级厂商,明确表示了对开源的支持。微软也启动了新的专利许可计划。开放源代码成为赢得联盟、获得市场的重要手段。目前,Linux 是最典型的开源操作系统,广泛应用于网络服务器、高性能计算机和移动设备,在办公领域也取得了较大成就。

开源的风险在于程序代码的片段化,也叫冗余分支。这种风险会导致最终代码程序的不统一[10]。如何避免开源平台分化,是任何开源组织都要面临的重大挑战。开源组织构建开放源码平台,管理可能出现的平台分化,向高性能、网络化、智能化发展,提供系统和网络安全底层支撑,是未来操作系统的发展走向。

1.7　安全性

硬件不断升级、网络迅速普及和应用日趋复杂化和多样化，对操作系统的性能要求和复杂度要求也越来越高。相对于性能，人们开始更加关注所用系统的安全性，因为在操作系统信息处理能力提高和连接信息能力、流通能力提高的同时，基于网络连接的操作系统安全问题也日益突出。安全性是通用操作系统体系结构的基础。

通用操作系统的安全功能应能防止最新生成的如蠕虫、病毒和恶意代码的威胁并在可能的成功入侵事件中将损坏程度降至最低。操作系统应通过运行带有受限许可的应用程序在用户和管理特权之间架起一座桥梁。同时操作系统应该在恶意代码导致问题之前防止、检测和删除恶意代码。例如在 Windows Vista 及 Windows 7 操作系统中，设定了新的用户账户等级程序和高级数据保护技术，降低了数据被未授权用户查看的风险。支持硬件全卷加密以防止其他操作系统从磁盘访问文件。使用全新的防火墙程序以及安全性更强的 IE8 等多重手段来提高其安全性。对于 Linux 操作系统，虽然安全性是它们的优势，但仍然还存在漏洞，因此也在不断地完善中，SuSE10 采用了 AppArmor 技术，是一种新的应用层安全服务，可以快速制定并实行安全策略，避免攻击者利用软件漏洞威胁系统架构的安全。

1.8　智能化

智能化的操作系统是目前一个重要的研究领域。如果操作系统不够聪明，管理人员将很难让服务器在性能和安全上达到最佳效果。因此新一代的操作系统应该要智能化，不仅仅是能发现一些问题，应该还可以自主“帮助”管理人员处理一些事情。例如 Solaris10 具有的自动修复、自动调整等能力，能够在硬件出问题的时候自动屏蔽相应的硬件设备，从而保护重要的数据。

1.9　节能

节能是目前社会各行各业都在关注的一个方向，计算机技术也不例外。电源管理是操作系统非常重要的一个组成部分，也是当前操作系统研究领域的一个热点。操作系统可以利用系统的全局任务信息采用多任务调度来实现最低的能量消耗运行，从而降低系统功耗。随着环境和能源问题越来越受到人们关注，未来的操作系统发展，也必然会通过各种技术来降低能耗，也可以以此提高系统的可靠性。

2　编程语言

编程语言是一组用来定义计算机程序的语法规则。它是一种被标准化的交流技巧,用来向计算机发出指令。一种计算机语言让程序员能够准确地定义计算机所需要使用的数据,并精确地定义在不同情况下所应当采取的行动[11]。

2.1 编程语言的分类

按抽象层次分,有低级语言、高级语言和甚高级语言。按风范分,有命令式语言、函数式语言和逻辑式语言。命令式语言的语义基础是模拟"数据存储/数据操作"的图灵机可计算模型,十分符合现代计算机体系结构的自然实现方式。现代流行的大多数语言如Fortran、Pascal、Cobol、C、C++、Basic、Ada、Java、C#,包括各种脚本语言等都属于这一类型。函数式语言的语义基础是基于数学函数概念的值映射的λ算子可计算模型。这种语言适合于进行人工智能等工作的计算。典型的函数式语言如Lisp、Haskell、ML、Scheme等。逻辑式语言的语义基础是基于一组已知规则的形式逻辑系统。这种语言主要用在专家系统的实现中。最著名的逻辑式语言是Prolog。

2.2 编程语言的发展

编程语言的发展是一个不断演化的过程,其根本的推动力就是抽象机制更高的要求,以及对程序设计思想的更好的支持。具体地说,就是把机器能够理解的语言提升到也能够很好地模仿人类思考问题的形式。计算机语言的演化从最开始的机器语言到汇编语言,到各种结构化高级语言,到支持面向对象技术的面向对象语言。

按发展时代分,有1GL到5GL五代语言[12]。1GL或第一代语言是机器语言或者机器能够直接执行的语言。2GL或第二代语言是汇编语言。3GL或第三代语言是一种高级编程语言。4GL或第四代语言是比3GL更为接近于自然语言的语言例如访问数据库的语言。5GL或第五代语言是利用可视化或图形化接口编程生成的一种通常用3GL或4GL语言编译器来进行编译原语言。未来编程语言发展的特性包括:

- 简明性:编程语言将提供更简单明了的语法和语义以及更少的代码量。
- 面向对象:在面向对象的语言中,程序是由数据和功能组合而成的对象构建起来的。面向对象语言提供简单的类机制以及动态的接口模型。
- 平台无关性:编程语言的与平台无关的特性使得以不同语言编写的程序可以方便地被移植到不同机器和操作系统平台进行编译和运行。
- 开源:编程语言的开源化使得可以自由地发布由这种语言编写的程序拷贝、阅读它的源代码、进行改动以及将程序片段用于新的自由软件中等等。
- 高层语言:编程人员在编写程序时无需考虑诸如如何管理和使用的内存等

的底层细节的问题。语言与硬件平台之间的交互完全被透明化，编程人员将更多地关注上层的业务逻辑。

• 可扩展及可嵌入性：不同的编程语言编写的程序可以互相扩展和嵌入，方便代码的复用以及提供诸如脚本功能等等。

• 自然语言化：计算机语言从比较简单的 Basic 到后来越来越复杂的 Fortran、C、C++，我们可以看到把自然语言中的一些机制逐步添加到计算机语言中的迹象，并且这种趋势将不断地发展下去。

• 自动化智能化：未来编程语言的发展将沿着更加自动化、智能化的方向，这将集中体现在程序语言对内存管理、代码托管、异常处理、多线程方面的自动化和智能化。

3　办公软件

从普通的办公软件到办公开发平台再到网络化云应用，是近年来及未来的办公软件模式的发展趋势。在个人办公需求已经得到基本满足的情况下，办公软件的一个发展趋势就是与电子政务、电子商务、ERP 等相结合。用户对办公软件的功能需求主要体现在功能模块的可定制性、不同应用的多样集成、多种数据模式的灵活操作、整体安全保密性以及跨平台移植扩展支持等趋势。随着 Web2.0 的普及应用及云计算的日益成熟，也可以预见未来的办公模式将转向网络化，适于随时随地办公及协作办公。

3.1　功能的可定制性

办公软件的设计要充分考虑软件运行的高效率性、功能定制的灵活性和二进制代码的可重用性。未来技术的发展将完全能够根据用户不同的需求和环境变化，灵活地选择和定制功能集合。

3.2　集成方式的多样性

针对不同的应用框架办公软件将提供多种集成方案以支持现在流行的各种开发模式。同时用户还可以进行一些简单、快速的二次开发。

3.3　数据操作的灵活性

办公套件通常有多种数据模式，多种数据模式之间也需要相互操作。例如采用 XML 文档格式不仅保证了文档的通用性和标准化，而且应用系统可以利用各种 XML 技术直接对 Office 文档进行数据检索、数据提取和数据替换等功能。

3.4 整体安全性

对于各种模式的应用，办公软件利用用户权限控制模块做出不同的限制以使用户的使用更加安全简便并保证数据的完整保密和修改跟踪。

3.5 跨平台可扩展

一般来说，办公套件的操作平台是一个能整合多种应用程序和设备资源，集成多种先进技术、应用模式和管理思想的应用门户。办公软件的跨平台特性一方面提供对不同操作系统和各种编程语言、开发模式的支持；另一方面，针对不同模式的开发提供统一的接口。这样不仅保证了系统的可移植和一致性，还方便系统进行功能扩展。

3.6 网络化

在线办公是办公软件领域的另一发展趋势。由于网络的普及，我们可以随时随地做到文档办公处理，甚至协同办公，例如 Zoho、Google 文档。SaaS 新兴市场竞争者的办公软件还有 OpenOffice、StarOffice 等。然而，网络化完全取代桌面化办公软件短期看来是不可能实现的[13]。作为现阶段桌面办公软件的辅助协同，可以预见网络化将在未来办公软件占有举足轻重的地位。

4 数据库

4.1 万维网数据库

随着万维网技术的继续发展，数据库与万维网的融合将会被进一步强化。现在每一个重要的万维网应用程序都由一个专门的数据库驱动：Google 的网络爬虫、Amazon 的产品数据库等等。万维网 2.0 数据库（Web 2.0 Database）、Web 服务数据库以及作为下一代万维网的语义网数据库逐步步入人们的视线。

4.2 XML 数据库

XML 数据库是一种支持对 XML 格式文档进行存储和查询等操作的数据管理系统。XML 数据库不仅是结构化数据和半结构化数据的存储库，持久的 XML 数据管理还像其他数据一样管理诸如数据的独立性、集成性一致性以及数据恢复等。这种半结构化数据库不仅提供了对标签名称和路径的操作，还能利用 XML 数据格式清晰表达数据的层次特征。近年来各大数据库厂商的数据库产品几乎无一例外地支持XML。在Web应用程序和系统间信息交换方面表现突出的XML技术，已经成为主导数据库技术趋势的主力军。

目前，虽然一些XML数据库在有效的存储组织、合理的索引结构、数据库系统的安全性等方面已经趋于成熟，但标准众多，缺乏统一的数据库开发标准。不同数据库产品之间的兼容性也有待提高。未来几年，XML数据库技术有可能在下述方面取得进展：异构数据源的集成、底层索引结构、并发加锁协议、XML模式规范化[14]。

4.3　商业智能数据库

商业智能(Business Intelligence)通过精心设计的数据中心或企业数据库能轻松应对这些挑战，为用户提供全面而准确的信息[15]。为应对日益加剧的商业竞争，企业不断增加内部IT及信息系统，使企业的商业数据成几何数量级不断递增。如何能够从这些海量数据中获取更多的信息，以便分析决策将数据转化为商业价值，就成为目前数据库厂商关注的焦点。

4.4　开源数据库

在开源的热潮中，随处可见开源数据库的身影。MySQL、PostgreSQL、MaxDB、Berkeley DB等开源数据库大家庭成员众多，其中不乏出类拔萃者。目前，以MySQL为代表的开源免费数据库呈星火燎原之势。而开源数据库的异军突起，又直接威胁着传统数据库巨头的市场份额。

从功能上来看，开源数据库与商业数据库擅长的领域并不相同，商业数据库在处理能力、集成工具环境等方面依然强大，而开源数据库强调的是在某几个单项功能上的突出表现，以及轻便、易用的特点。虽然开源数据库的“开源”特点为其带来的价格优势成就了开源数据库的应用和市场，但是也在一定程度上限制了其产品的商业化应用。

4.5　后关系型数据库

所谓后关系数据库，实质上是在关系数据库的基础上融合了面向对象技术和Internet网络应用开发背景的发展。它结合了传统数据库如网状、层次和关系数据库的一些特点，以及Java、Delphi、ActiveX等新的编程工具环境，适应于新的以Internet Web为基础的应用，开创了关系数据库的新时代，能够提供事务处理应用开发所需的高性能和灵活性，同时支持应用和数据的复杂性，并拥有比关系型技术更强的扩展性、更快的编程能力以及更便捷的使用特性[19]。

从目前来看，后关系型数据库不太可能取代关系型数据库。但是，当数据格式在发生变化的时代(图片、视频、音频等数据),且数据结构也发生了巨大的变化,层次更多的结构化数据(比如电子病例等)和数据仓库的需求,都呼唤着现在数据库技术朝如后关系型这种面向对象的数据库方向迈进。

4.6 数据库与信息检索的融合

近年来,在数据库和信息检索领域都出现了向对方领域渗透和融合的趋势。例如,Internet 上面向用户的数据库提供类似于网页搜索引擎一样易于使用的检索功能。越来越多的应用需要同时检索结构化数据和非结构化数据。有时用户还需要类似于信息检索系统的模糊查询功能来容忍实际应用中数据内容的不确定性和歧义性。而信息检索中的结构化文档检索技术可以利用文档内部结构来改进检索等等。

作为一个新兴的交叉领域,数据库检索的具体需求和设计目标还存在许多不明晰的地方。在体系结构、检索语言、数据模型、检索算法、检索结果的相关性排序、结果的表示和展现等方面都存在很多重要的问题需要进一步研究[16]。

4.7 数据库与网格技术的结合

网格技术是近年来计算机网络和分布式计算的一个新方向。网格计算使人们可以有效地为一些大型科研任务创建和使用动态、分布式、高性能的计算环境。如何把数据库技术应用在网格中,使得网格技术和数据库技术能够很好地融合搭建成一个相辅相成的平台是一项具有挑战性的工作[17]。数据库技术和网格技术相结合,也就产生一个新的研究内容,称之为网格数据库。网格数据库当前的主要研究内容包括三个方面:网格数据库管理系统、网格数据库集成和支持新的网格应用。

4.8 时空数据库与传感器网络技术的融合

随着时空数据库与传感器网络技术的不断发展,在一些新兴应用领域,两者将有更多的结合。例如位置/道路模型数据库,它着重表达道路及其属性信息,以及智能交通系统和基于位置的服务应用所需的其他相关信息等。导航数据库:是为智能交通系统和基于位置的服务应用需求而建立的具有统一技术标准的地理数据库。智能普适数据管理,为无所不在、随时随地可以进行计算的普适计算进行数据管理的数据库[18]。

4.9 数据库与移动技术的结合

随着移动技术的不断发展,尤其是第三代移动网络的面世,移动网络上的数据量将急速增长。如何有效地管理移动网络上的数据将是一个富有商业前景和挑战性的问题。这方面的应用例如第三代移动多媒体数据库和移动地理数据库以及移动数字图书馆等,都将是移动技术与数据库相结合的新兴的发展方向。

4.10　新硬件环境下的数据库技术

现代计算机硬件技术的发展非常迅速,尤其是处理器、存储设备等在近几年都取得了巨大的进展。硬件新技术的出现为数据库技术的发展带来了新的机遇和挑战,数据库研究者应该充分利用硬件的新特性和新技术来促进数据库系统的发展。例如,以前数据库在性能优化方面的研究,主要集中在如何减少磁盘I/O上,很少考虑如何高效地利用硬件的特性来提高数据库的性能。目前,从事计算机体系结构和数据库研究的人员都已经在这方面进行了探索。

5　网络软件

网络软件一般是指用于支持数据通信和各种网络活动的系统级的网络操作系统、网络通信协议和应用级的提供网络服务功能的专用软件,它一般包括网络操作系统和网络通信协议等。连接计算机网络的系统,通常根据系统本身的特点、能力和服务对象,配置不同的网络应用系统[19]。其目的是为了本机用户共享网中其他系统的资源,或是为了把本机系统的功能和资源提供给网中其他用户使用。为此,每个计算机网络都制订一套全网共同遵守的网络协议,并要求网中每个主机系统配置相应的协议软件,以确保网中不同系统之间能够可靠、有效地相互通信和合作。

5.1　网络操作系统

网络操作系统是用于管理网络的软、硬件资源,提供简单管理的系统软件。常见的网络操作系统有UNIX、NetWare、Windows NT、Linux等。目前网络操作系统的发展将向着安全性、可靠性、开源化、可扩展、操作使用简单的方向发展。

5.2　计算机网络协议

计算机网络中用户实体和资源实体交换信息时通常按照共同遵守的规则和约定彼此通信、相互合作,完成共同关心的任务。这些规则和约定称为计算机网络协议。网络协议通常是由语义、语法和变换规则三部分组成。语义规定了通信双方彼此之间准备“讲什么”,即确定协议元素的类型;语法规定通信双方彼此之间“如何讲”,即确定协议元素的格式;变换规则用以规定通信双方彼此之间的“应答关系”,即确定通信过程中的状态变化,通常可用状态变化图来描述。常见的网络通信协议有 TCP/IP 和 Novell 公司的 IPX/SPX 等。

计算机网络协议目前的发展趋向是在网络体系结构的基础上，再建造一个网络应用支撑平台，向网络用户和应用系统提供良好的运行环境和开发环境，其主要功能包括统一界面管理、分布式数据管理、分布式系统访问管理、应用集成以及一组特定的应用支持，如电子数据交换(EDI)、办公文件体系(ODA)等。

5.3 其他网络软件和技术

其他的网络软件包括通信支撑平台软件、网络服务支撑平台软件、网络应用支撑平台软件、网络应用系统、网络管理系统以及用于特殊网络站点的软件等。从网络体系结构模型不难看出，通信软件和各层网络协议软件是这些网络软件的基础和主体。

终端用户对带宽始终有着很高的需求。随着网络应用的不断丰富，数据传输、多媒体分布式系统、高清 IPTV、语音视频通信等都要求更大带宽来成功运作。随着 1Gbps 光纤到户(FTTH)技术在接入网络中部署速度的加快(特别是在亚洲)，供应商和技术创新者已开始寻求可满足下一代应用对带宽要求的方法。10 G EPON(10 Gbps 以太网无源光网络)技术(即为被提议的 IEEE 标准 802.3av)是满足更高带宽要求的一种新技术选择。10 G EPON 的把光纤接入网络带宽提高了 9 倍，且与目前 1 G EPON 方案的内核协议兼容。

而由于网络中一些自身结构和模式的局限性，仅靠增加带宽是无法彻底解决问题，因此广域网优化是一种趋势。广域网传输、Web 加速、带宽管理都属于优化的范围。通过清除广域网上重复的数据流，可以解决广域网用户面临的应用性能缓慢、流量拥塞等难题，全面提高网络性能。广域网优化技术在国内拥有庞大的用户群，广域网优化的设备和技术将得到进一步应用。优化主要通过将所有的网络应用层解决方案整合为一个单一架构，平衡运行，使服务器簇的负载降低到最小，减轻带宽竞争的压力，有效利用带宽分配和服务质量(QoS)工具。

下一代网络软件技术的发展趋势主要有普适计算，网格计算，中间件技术等[20]。网络中各种软件技术将相互融合、相互促进，软件的基本模型越来越符合人类的思维模式，各种新技术的诞生，将迅速地改变人们的生活。在计算机网络软件方面未来主要的研究方向有：全网界面一致的网络操作系统，不同类型计算机网络的互联(包括远程网与远程网、远程网与局域网、局域网与局域网)，网络协议标准化及其实现，协议工程(协议形式描述、一致性测试、自动生成等)，网络应用体系结构和网络应用支撑技术研究等，今后网络软件的发展趋势也是朝着以上几个方向发展。

6 中间件

中间件是一种独立的系统软件或服务程序，是提供系统软件和应用软件之间连接的软件，以便于软件各部件之间的沟通和共享资源，特别是应用软件对于系统软件的集中的逻辑。在现代信息技术应用框架如Web服务、面向服务的体系结构等中应用比较广泛。严格来讲，中间件技术已经不局限于应用服务器、数据库服务器。中间件技术建立在对应用软件部分常用功能的抽象上，将常用且重要的如过程调用、分布式组件、消息队列、事务、安全、联结器、商业流程、网络并发、HTTP服务器、Web服务等功能集于一身或者分别在不同品牌的不同产品中分别完成。

通过中间件，应用程序可以工作于多平台或操作系统环境。随着网络应用的需要，驱动中间件发展的更重要的因素是解决不同系统之间的网络通信、安全、事务的性能、传输可靠性、语义解析、数据和应用的整合这些问题。现在，中间件已经成为网络应用系统开发、集成、部署、运行和管理必不可少的工具。由于中间件技术涉及网络应用的各个层面，涵盖从基础通讯、数据访问到应用集成等众多的环节。中间件技术发展呈现出多样化的特点[21]。

中间件技术的发展方向，将聚焦于推动无边界信息流，支撑开放、动态、多变的互联网环境中的复杂应用系统，实现对分布于互联网之上的各种自治信息资源的集成、协同和综合利用，提高组织的IT基础设施的业务敏捷性，降低总体运维成本，促进IT与业务之间的匹配。中间件技术正在呈现出业务化、服务化、一体化、虚拟化、垂直化等诸多新的重要发展趋势。

6.1 中间件覆盖范围更宽广

在互联网等新技术推动下，各行业的业务合作和资源共享都在不断地拓展。企业复杂业务协同往往需要将原本零散、片段的业务流程和信息优化进一个集成的环境以方便多个业务实体进行信息交换和互操作，实现企业间的业务协同。这使得业务化的中间件覆盖更宽广。业务化代表了中间件对复杂业务支持方面的发展趋势，即，从自底向上技术驱动转变为更多自顶向下的应用层的业务驱动，凝练更多的应用和业务模式，支持复杂业务的开放式多方协同和按需集成能力。不断出现的新业务需要驱动了应用模式和信息系统能力的不断演进，进而要求中间件不断地凝练更多的业务共性，提供针对性支撑机制。

6.2 中间件将面向服务

从技术上讲，面向服务的软件架构SOA将成为新一代网络服务的基础框架，基于SOA体系架构的中间件也将成为中间件的一个重要发展方向。在SOA架构下，中间件各层可共享的每个基础功能构件和业务功能构件均可包装成一个Web服务。通过服务及服务组合来实现更高层次的复用和互操作以支持跨平台的集成与协同功能。

下一代的基于SOA的中间件将在软件的模型、结构、互操作以及开发方法等四个方面进行优化，构件模型弹性粒度化，结构松散化，交互过程标准化等等。应用系统的构建方式由代码编写转为服务组合。同时SOA技术协同网格技术在中间件开发中的使用，也将成为一种趋势[22]。总之，服务化体现的是中间件在业务复用和组合的发展趋势，其核心目标是提升IT基础设施的业务敏捷性。因此，中间件将成为SOA的主要实现平台。

6.3 平台化

平台化代表了种类繁多、功能相对单一的中间件产品趋向集成和整合，形成统一的互联网计算平台的发展趋势。随着业务种类和形式的增加，功能单一的中间件产品已不足以完全满足全部需求。这就要求把分散的、分别适用于不同技术领域的中间件产品通过统一的框架集成起来，从而提供优异的灵活的、可扩展和可管理的中间件平台。一个开放的集成化中间件平台，能更好地适应互联网计算环境的开放、动态、多变的特性。

在平台化的趋势中，未来集成化的统一中间件平台所包含的各类中间件子产品共同组成了一个相互关联的有机整体，这种集成化是一种深度整合，例如统一内核的产品体系结构，以及系统管理框架等等。

6.4 中间件支持云计算

云计算不仅实现硬件资源的虚拟化，还通过服务平台实现服务的虚拟化、数据的虚拟化，以及软件交付模式的虚拟化[23]。云计算平台作为一种实现计算能力动态分配的新技术平台，将构成未来数据中心大规模应用的基础，是中间件技术发展的重要趋势。

在新一代中间件技术发展的理念中，云计算着眼于计算资源部署的效率，利用率和成本控制，注重资源提供和获取的方便性和合理性。中间件和云计算结合代表了今后相当长的一段时间内中间件技术发展的重要趋势。

6.5 后端平台深度融合

未来的中间件将是Internet时代网络计算的核心基础平台。它将贴近并直接服务于业务及应用，屏蔽底层环境中复杂多变的具有差异的操作系统、编程语言、数据库系统、网络通信等技术细节，真正建立起基于互联网的空前广泛的连通性，并实现业务需求解决方案的提供方式的动态化、标准化、弹性化和最优化。

未来的浏览器将具有统一的前端，而后端平台（中间件、操作系统、数据库）走向深度融合。中间件技术的蓬勃发展离不开标准化，标准的建立有助于融合不同阵营的系统。

综上所述，从目前的发展趋势来看，用于支撑单个应用系统或解决单一类问题底层中间件将持续走稳。基于多种中间件技术融合的更多用于系统整合高层的中间件成为市场新宠。中间件技术将向着深入、实用、整合的方向发展。行业细分纵深发展，业务化提供业务的灵活性，消除信息孤岛，提高 IT 的研发和运营效率。不断扩展的外延和内涵、全面转向 SOA、一体化、更加细分的领域市场以及应用服务器的普通商品化趋势，是未来中间件发展的大趋势。

7　嵌入式基础软件

嵌入式系统是指用于执行独立功能的专用计算机系统。它由微处理器、定时器、微控制器、存储器、传感器等一系列微电子芯片与器件，以及嵌入在存储器中的微型操作系统、控制应用软件组成，共同实现诸如实时控制、监视、管理、移动计算、数据处理等各种自动化处理任务。嵌入式系统的特征是以应用为中心，软硬件可裁减的，适应应用系统对功能、可靠性、成本、体积、功耗等综合性严格需求的专用计算机系统。具有软件代码小、高度自动化、响应速度快等特点，特别适合于要求实时和多任务的体系。

实时嵌入式操作系统（Real-Time Embedded Operating System，RTOS）是一种实时的、支持嵌入式系统应用的操作系统软件，它是嵌入式系统（包括硬、软件系统）极为重要的组成部分，通常包括和硬件相关的底层驱动软件、系统内核、设备驱动接口、通信协议、图像界面、标准化浏览器等[24]。与通用操作系统相比较，嵌入式操作系统在系统实时高效性、硬件的相关依赖性、软件固态化以及应用的专用性等方面较为突出。

在新需求的推动下，嵌入式操作系统内核不仅需要具有微型化、高实时性等基本特征，还将向高可信性、自适应性、构件组件化方向发展；支撑开发环境将更加集成化、自动化、人性化；系统软件要支持对无线通信和能源管理的功能。其他方面诸如个性化实现产品功能的可定制性，高效、节能性，系统的高度可裁减性也日益重要。

7.1　实时性

大多数嵌入式操作系统工作在实时性要求很高的场合，主要对仪器设备的动作进行检测控制，这种动作具有严格的、机械的时序。比如，用于控制火箭发动机的嵌入式系统，它所发出的指令不仅要求速度快，而且多个发动机之间的时序要求非常严格，否则就会失之毫厘，谬以千里。在这样的应用环境中，非实时的普通操作系统无论如何是无法适应的。因此，实时性是非常值得重视的问题，通过改进操作系统中的多任务调度算法，减小响应时间[25]等技术手段来实现。实时性未来很长一段时间仍将作为嵌入式系统研究和发展的重点。

7.2 可靠性

一般来说，嵌入式系统一旦开始运行就不需要人的过多干预。在这种条件下，要求负责系统管理的嵌入式操作系统具有较高的稳定性和可靠性。而普通操作系统则不具备这种特点。设备的高可靠性可以有效地减低维护成本，软件运行效率高也会降低对 CPU 的要求，从而降低硬件成本。

7.3 可剪裁性

能否根据具体的需求对系统的功能模块进行配置是嵌入式系统与普通系统的另一区别。

从硬件环境来看，嵌入式环境的硬件环境只有标准化的 CPU，没有标准的存储、输入输出设备和显示器单元。从应用环境来看，嵌入式操作系统面向单一设备的固定的应用。从开发界面来看，嵌入式试图让开发人员可以自主控制系统的所有资源。普通系统的研究开发是尽可能在不改变自身的前途下具有广泛的适应性。而应用于嵌入式环境的 RTOS，在研发的时候就必须立足于面向对象，改变自身、开放自身，让开发人员可以根据硬件环境和应用环境的不同而对操作系统进行灵活的裁剪和配置，因为对于任何一个具体的嵌入式设备，它的功能是确定的，因此只要从原有操作系统中把这个特定应用所需的功能拿来即可以。可剪裁性在软件工程阶段是利用软件配置方法实现软件构建的“即插即用”。

7.4 特定应用操作系统

特定应用的嵌入式实时操作系统（Application Specific Operating Systems，简称 ASOS）是指面向应用的、专用特制的嵌入式实时操作系统。ASOS 的系统结构是个可伸缩、可裁减的，提供多层次的、功能对象化的系统体系结构。多层次的构造有利于操作系统的系统功能规整和可伸缩性；面向对象的系统功能划分有利于系统的裁减和增添[26]。

这类嵌入式操作系统不仅在传统的工业控制和商业管理领域有极其广泛的应用空间，如智能工控设备、POS/ATM 机、IC 卡等；而且在信息家电领域的应用更具有极为广泛的潜力，例如机顶盒、WebTV、网络冰箱、网络空调等众多的消费类和医疗保健类电子设备；它在车载盒、智能交通等领域的应用也呈现出前所未有的生机。

7.5 嵌入式数据库

嵌入式数据库作为嵌入式支撑软件已得到广泛的应用。随着移动通信技术的进步，人们对移动数据处理提出了更高的要求，嵌入式数据库技术已经得到了学术、工业、军事、民用部门等各方面的重视。嵌入式移动数据库或简称为移动数据库是支持移动计算或某种特定计算模式的数据库管理系统，数据库系统与操作系统、具体应用集成在一起，运行在各种智能型嵌入设备或移动设备上[27]。

7.6 实用性

嵌入式软件是为嵌入式系统服务的，这就要求它与外部硬件和设备联系紧密。嵌入式系统以应用为中心，嵌入式软件是应用系统，根据应用需求定向开发，面向产业、面向市场，需要特定的行业经验。每种嵌入式软件都有自己独特的应用环境和实用价值。

7.7 适用性

嵌入式软件通常可以认为是一种模块化软件，它应该能非常方便灵活地运用到各种嵌入式系统中，而不能破坏或更改原有的系统特性和功能。首先它要小巧，不能占用大量资源；其次要使用灵活，应尽量优化配置，减小对系统的整体继承性，升级更换灵活方便。

近年来，中国的嵌入式软件发展速度一直高于中国软件产业的发展速度和全球嵌入式软件的发展速度，在中国软件产业和全球嵌入式软件产业中所占的比重越来越大[28]。目前，中国嵌入式软件产业在整个软件产业中的比重已经超过了三分之一之多。中国嵌入式软件产业的发展面临着良好的发展环境与机遇，这包括政府的重视与扶植、信息产业与传统产业的融合机遇、垄断局面尚未形成、中国制造的良好基础、自由软件运动的兴起等。

8 国产基础软件一体化解决方案的示范应用

8.1 国产基础软件现状

国产基础软件在政府的扶持下，从无到有，形成了完整的产品线。然而，要发展民族软件产业，要解决的不仅仅是做出来的问题，更重要的是突破国外同类产品在国内所形成的市场壁垒，增强国产基础软件的市场化能力。这里的核心就是应用问题。目前在推广国产基础软件应用的过程中主要存在着服务不完善、缺乏垂直行业可大规模推广解决方案、新型销售方式与应用模式等问题[29]。

通过国家重大专项和产业政策的支持，我国基础软件从无到有，已基本形成国产基础软件产品体系。从技术角度来讲，目前国产基础软件产品已经能满足应用的需求，在电子政务、金融、电信、军队等领域进行了应用。现在国产基础软件大多数已经达到了实用阶段，但是由于发展时间短，缺乏市场和应用机会。

8.2 国产基础软件在部分领域的应用情况

8.2.1 国产基础软件在电子政务和城市管理领域的应用情况

我国电子政务的发展从 20 世纪 80 年代中期开始。起初尝试无纸化办公和简单的 MIS 系统，而后渐渐地普及办公自动化。湖北省荆门市掇刀区、北京市平谷区、山东省烟台市等电子政务系统的成功印证了国产基础软件应用的实例。而金蝶中间件在 2007 年中标金宏工程、2008 年中标自然资源和地理空间基础信息库更是掀起了国产基础软件在电子政务领域应用的高潮[30]。

面对电子政务从简单应用向深化整合发展的新趋势，国产基础软件如“金蝶 Apusic 中间件＋达梦数据库＋红旗操作系统”的全国产电子政务基础平台，已成功应用于湖北省荆门市。该电子政务平台成功解决了信息资源共享交换的深化整合问题。

数字全覆盖首先应用于北京市崇文区。主要是结合崇文区电子政务的实际情况制定公共资源基础框架体系规范，在此基础上构建区域信息资源共享交换平台，建立社区卫生信息、民政和社会福利服务系统和电子政务无线接入系统，为完善信息共享交换平台和政府领导宏观经济管理、产业发展决策等提供数字支持，打好数字全覆盖工程的基础[30]。

在上海市闸北区已申报“基于国产基础软件的区域信息化综合管理与服务平台”2010 年国家科技重大专项相关子课题[31]。力争三年内，在区委、区政府、区人大、区政协电子政务及区内街道社区信息化等领域，建起国产基础软件的基本框架，使闸北成为国产基础软件应用示范区。从全国看，上海基础软件的产品线较为完整，从电脑桌面操作系统、服务器操作系统到嵌入式操作系统，从数据库、中间件到办公软件，均有相应厂商。

8.2.2 国产基础软件在医疗卫生领域的应用情况

北京市石景山区医疗机构协同监管系统充分应用国产化软硬件，选择“医疗卫生机构监管”为主线，依托市、区两级共享交换平台，有效支撑了医疗保险扩面、医保费用报销、医疗机构管理、“三品一械”整顿等多部门针对辖区内医疗机构协同监管业务事项的开展。

上海市闸北区大宁社区卫生服务中心，借助国产化的操作系统、数据库、中间件软件，实现了电子医务，能快速处理医疗处方。

8.2.3 国产办公软件的应用

以金山WPS中文字处理软件为首的国产办公软件的全面推广和应用使其在办公软件领域被选购和使用的比例逐步上升。而永中公司的办公套件和一些OA办公系统结合，在一些部门使用后效果较好。红旗公司的RedOffice是一款在当今微软Office独占鳌头的年代，也许能与微软分庭抗礼的功能强大的国产办公软件。

8.2.4 国产基础软件的其他应用情况

普元中间件：普元SOA应用平台EOS是具有全球领先水平的应用软件开发及管理平台，它通过创新的标准化、图形化、构件化和一体化的特色，以及严谨的CMMI4软件成熟度过程改进执行，以高效稳定的产品质量，帮助客户快速、低成本地构建灵活、易管控的应用软件及SOA服务。由于它在软件过程改进方面的高质量以及在解决企业级复杂软件应用的开发与管理问题上质量优异和性能稳定，赢得了包括国内四大商业银行等超过500家大中型企业用户的信任，并在一千余个关键应用上得到验证使用。

8.2.5 上海市国产基础软件应用情况

上海国产基础软件企业的产品已经在政府、电信、金融、汽车及重工业、民航交通、电力、军工与军队、卫生、教育等行业推广使用。例如中标软件的操作系统与办公软件、金蝶中间件、普元中间件、锐道信息、达梦数据库都在政府行业有使用；普元软件、金蝶中间件、锐道信息、中标软件操作系统大量在电信金融领域使用；锐道信息在东方航空上线三年来运行情况良好。

9 与国际主流系统软件的兼容性技术和测试技术

从20世纪90年代到本世纪初，国产基础软件和国外基础软件还是存在着相当大的差距，但差距在不断缩小。国内基础软件企业和组织越来越多地参与到各种国际标准中，例如长风联盟加入OASIS、金蝶中间件加入JCP等。而且现在国产的基础软件已经初步具备了和国际产品竞争的技术实力，特别是中间件产品已具备了替代进口的技术水平。

9.1 国产基础软件的兼容性技术

技术规范在国产基础软件产业化中起着重要作用。其主要体现在：降低基础软件产品研发成本；降低国产基础软件企业与用户双方在交易中的信息不对称程度;为国产基础软件企业提供创新的起点和平台,并加快企业创新步伐和促进产品升级;为进一步完善产业链、实现产业的跨越式发展提供基础支撑[33]。

电子政务软件产业化联盟利用国家软件与集成电路公共服务平台(CSIP)提供的公共技术服务,着手解决长期困扰国产软件的硬件兼容性问题[34]。

9.2 国产基础软件的测试技术

国产基础软件已逐步建立了项目管理平台及国产基础软件测试平台,研究并探索了为国内基础软件企业提供了共性技术研发和符合性测试的平台,初步形成了集研发、集成、测试、应用、服务和培训于一体的基础软件公共服务环境[35]。

在基础软件产品标准符合性测试方面,针对操作系统、数据库、中间件、中文办公软件和安全套件等基础软件产品,依据相应的技术规范分别开发了完整的符合性测试规程、测试用例和测试工具,具备了符合性测试和集成测试的能力。

10 国产基础软件面临的问题及未来发展的分析

10.1 国产基础软件面临的问题及解决办法

面临的主要问题有:技术创新和自主研发的能力与国外相比还存在较大差距;产业链配套不健全;国产基础软件产品的市场化能力很差;用户认可度不高;国产基础软件区域性用户应用层次与深度有限,垂直行业可大规模推广的解决方案缺乏;国产基础软件缺乏新型的销售方式与应用模式带动,难以跨越国外成熟产品的市场壁垒。

解决这些问题,首先要通过软件服务和信息服务市场需求的带动,引导企业跨越原有替代模仿研发模式,加强自主创新能力建设;通过统一规范的服务保障体系建设,促使企业加大服务投入,确保基础软件产品与应用的整体服务质量的提升,保障用户使用国产软件的权益;通过政府采购、公共采购等途径为国产基础软件提供市场,加强用户对国产软件的认知度并逐步转变用户的使用习惯。

目前,我国正处在信息化发展的初级阶段,各行业信息化的需求很大,尤其是传统行业,这也为国产基础软件的行业应用提供了广阔的发展空间。通过在信息服务业推广国产基础软件,创新产业合作模式,形成一定规模的用户群和营业规模,国产基础软件才能发展得越来越好。

10.2 上海市基础软件产业发展前景的分析与判断

针对适合上海信息和软件产业及市场的考虑出发,认为在按需操作系统、办公软件、数据库、中间件这四个国产基础软件方向，有较好的发展和应用的前景。

10.2.1　操作系统

据调查，用户拒绝使用国产 Linux 操作系统的原因主要因为支持的应用软件少和缺少技术支持与相关服务以及稳定性较差。国产操作系统的应用环境差、产品成熟度不高，导致用户对应用国产软件没有信心。可见，国产 Linux 有发展机会，但需要时间去逐步完善产品、改善应用环境，寻找新的商业模式，逐步让用户增加认知度和了解程度，以渐进的方式实现市场拓展的目标。由于国产 Linux 发展已有一段时间，技术也已相对成熟，针对上海信息和软件产业及市场的考虑出发，可以重点发展国产操作系统中的按需操作系统。由于系统采用按需定制的方法，因此更加贴近用户需求。

总的看来，在目前的状况下，Linux 在桌面领域要想真正使用起来，最佳的途径是针对行业、客户与用户的特定需求进行定制。因为，在当前 Linux 桌面市场还不够大，国产 Linux 研发能力还与国外同类企业存在一定的差距，定制系统比单纯的 Linux 桌面产品更适合当前我国的国情。

10.2.2　办公软件

无论从国家安全、政府采购成本，还是国内巨大办公软件市场的角度来考虑，我国都需要发展自己的 Office 软件。由于缺乏对平台标准的控制，没有一家国产办公软件能够在 Windows 平台上与 Office 抗衡。目前，国产办公软件如 WPS Office、永中 Office、中标普华 Office、红旗 RedOffice 在性能等各方面都已经接近微软 Office，在产品性能上微软已经不再占有压倒性的技术优势。但使用习惯仍然是左右用户购买倾向的主要因素。因此在办公软件的开发上，技术已不是问题。在解决了各种不同办公软件之间的兼容性和可移植性后，国产办公软件更应关注于用户的需求，未来国产办公软件开发商应继续采用跟随战术消除用户的心理偏见。

10.2.3　数据库

国产数据库厂商普遍起步较晚，同国外数据库厂商相比，投入的资金、企业的规模、人才队伍、管理水平等都存在一定距离。因此，长期以来国内数据库市场一直被 Oracle、微软等国际厂商占据。近年来，国产数据库在政府、厂商、媒体及广大用户的支持下，无论是在技术、产品质量，还是在应用上，都取得了有目共睹的成绩。

国产数据库产品在技术方面已经达到一定程度，完全能够满足现有用户的需求，出现以人大金仓为代表的一批国产数据库厂商。人大金仓开发的金仓 Kingbase ES 产品就已经取得了明显突破。金仓数据库 Kingbase ES，在功能的部分已可与国外主流数据库厂商媲美外，还在安全性方面有比较大的优势，可有效防止“病毒”等的攻击破坏，安全级别高于国外同类产品。

人大金仓数据库已成功应用在政府、军工、教育、电力、金融、农业、卫生、交通、科技等诸多行业，特别是今年与新华人寿保险股份有限公司合作的赢在新华电子建议书系统，使国产数据库在安全性、易使用、可靠性等方面都取得了令人瞩目的成绩。

国产数据库只要能够找准自己的市场定位，立足本土，加大技术和产品推广力度，在未来的数据库市场格局就会发生明显变化。

10.2.4 中间件

中间件在国产基础软件中发展最好，技术也是最成熟可靠。除了之前提到的普元中间件已在金融、电力、通信、燃气、军工、科学院所等有了较好的应用外，东方通中间件也是国产中间件产业中的佼佼者。

在市场份额方面，IBM、Oracle 和东方通中间件三足鼎立的形势继续得到稳固保持，但 IBM 和 Oracle 的市场份额较之过去略有下降。这也说明以东方通中间件为代表的国产中间件品牌经过多年的努力，正获得越来越多用户的信任和选择。东方通拥有国内最为完整成熟的中间件产品线，不仅覆盖了消息中间件、应用服务器、交易中间件三大重要门类，还有集成中间件、安全中间件、通用文件传输平台等产品。消息中间件 TongLINK/Q 一直是电信和金融行业信息化建设中的明星产品，中国人民银行在中国现代化支付系统的小额支付系统和全国支票影像交换系统中，指定使用该中间件产品。作为两大拳头产品之一，应用服务器 TongWeb 是基于 J2EE 规范的应用服务器中间件，在实践应用过程表现出了超强的稳定性、可靠性，并能支持集群。

东方通中间件全面的表现，无疑为积极推进信息化建设的诸多行业解决了后顾之忧。尤其是其在金融电信等企业级高端市场核心应用系统中的高性能、稳定性、可靠性，为这些行业树立了中间件产品应用标杆。为了确保行业和企业信息安全，他们完全可以选择东方通等国产中间件品牌，依靠自主信息技术、服务实现信息化与工业化安全融合。未来几年一些基础设施行业仍将拉动软件产业的快速发展，中间件的发展还有契机。

参考文献

[1] 单主机多操作系统同时运行——浅析虚拟化[EB/OL]. http://www.enet.com.cn/article/2007/1025/A20071025882664.shtml，2007.

[2] 操作系统虚拟化技术特色与适用领域[EB/OL]. http://servers.pconline.com.cn/skills/0711/1162876.html，2009.

[3] 李林，陈文波，等.剑指数据中心矛盾[J].中国教育网络，2008，10.

[4] 张桂权.操作系统虚拟化[J].软件世界,2008,4.

[5] 云计算操作系统[EB/OL].http://www.vmware.com/cn/technology/cloud-os/,2009.

[6] 全年回顾2008年十大最酷开源产品[EB/OL].http://publish.it168.com/2009/0104/20090104004708.shtml,2009.

[7] David Geer. The OS faces a brave new world [J]. IEEE Computer, October 2009.

[8] 蔡勉,田健生.向多核平台移植操作系统的研究[J].现代电子技术,2010,5.

[9] David Wood.开源,统一和进步[J].程序员,2009,8.

[10] Jason Nieh, Chris Vaill. Experiences teaching operating systems using virtual platforms and Linux [J]. ACM SIGOPS Operating Systems Review, 2006, 40(2).

[11] 编程语言[EB].http://zh.wikipedia.org/zh-cn/,2009.

[12] 编程语言的现状及发展趋势[EB/OL].http://programming.xjtu.edu.cn/fzqs.htm,2008.

[13] Aaron Ricadela.谷歌的办公软件之争[J].商业周刊,2009,9.

[14] 数据库归来——下一代数据库全解[EB/OL].http://database.51cto.com/art/200703/43612.htm,2007.

[15] 为何痴迷BI数据库[J].中国计算机用户,2007,11.

[16] 中国计算机科学技术发展报告[R].2008.

[17] 任浩.数据库网格:基于网格的多数据库系统[J].计算机工程与应用,2006,2.

[18] 后关系型数据库[EB/OL].http://database.51cto.com/art/200703/43625.htm,2007.

[19] 网络软件[EB/OL].http://baike.baidu.com/view/38384.htm?fr=ala0_1,2009.

[20] 曾曦.下一代网络软件技术的发展趋势[J].通信技术,2007,11(40).

[21] 奉继承.中间价四大趋势[J].软件世界,2009,11.

[22] 杨林峰,等.面向服务的计算网格中间件的实现及性能测试[J].计算机工程,2009,3.

[23] 三大趋势看中间件发展[EB].http://www.chinabyte.com/e/208/2050708.shtml,2009.

[24] 嵌入式操作系统的发展趋势[EB/OL].http://www.sudu.cn/info/html/edu/20061115/232714.html,2006.

[25] 董吉文,等.嵌入式实时操作系统任务调度算法的改进与应用[J].计算机应用,2009,9.

[26] 朱立新,等.特定应用的嵌入式操作系统构造方法研究[J].计算机科学,2004,31.

[27] 吴飞,等.嵌入式移动数据库SQL Server for Windows CE的应用研究[J].微计算机信息,2006,17.

[28] 中国电子信息产业发展研究院信息技术研究所.软件技术四大发展趋势[EB/OL].http://media.ccidnet.com/art/2619/20060310/473847_1.html,2006.

[29] 李云芝.突破应用瓶颈,实现基础软件跨越式发展[EB/OL].http://www.changfeng.org.cn/,2008.

[30] 李翔.从配角到主角中国电子政务应用蜕变二十载[J].数码世界,2008,9.

[31] 闸北:推广应用国产基础软件[EB/OL].http://www.shanghai.gov.cn/shanghai/node2314/node2315/node15343/userobject21ai397736.html.

[32] 庄力可.国产软件:迈向"三步曲"[EB/OL].http://www.stdaily.com/oldweb/gb/stdaily/

2007-06/23/content_686149. htm,2007.

[33] 国产软件兼容性有望得到彻底解决[EB/OL]. www. csip. org. cn/new/Egov.

[34] 国产基础软件平台研制及应用示范取得进展[EB/OL]. http://industry. ccidnet. com/art/7/20061218/978655_1. html.

[35] 赵同,兰雨晴,等. 基础软件平台的正交组合测试方法设计与应用[J]. 计算机工程与应用. 2008,44(4).

软件工程若干技术发展新趋势研究

李光亚

摘　要　文章从软件构件、软件生产线和可信软件这三个目前比较热门的技术入手，分析了目前软件工程领域的若干新技术的方向及发展趋势，同时，也分析了目前的现状，提出上海在这方面十二五期间的建议。

关键词　软件构件；可信软件；软件生产线；软件复用；软件工程

Survey on Some New Trends of Software Engineering Technology

LI Guang-ya

Abstract　Based on the current hotspot techniques such as software component, software product line and trusted software, this paper analyses the development direction and tendency of these techniques in the fields of software engineering, and also related proposal during the Twelfth Five-Year period in Shanghai.

Key words　Software Component, Trusted Software, Software Reuse, Software Engineering

引言

1968年，在NATO会议上首次提出了“软件工程”这一概念，软件工程是一种层次化的技术，包括软件工具、方法、过程三大主要要素。过程是软件工程的根基，它定义一组关键的过程区域。方法，定义“如何做”，它贯穿了过程中每一个步骤，提供解决方案。工具，是用于支持过程和方法自动和半自动化的工作，它同样贯穿过程中每一个步骤。

软件工程的发展虽然已经经历了40多年的发展，但是软件危机依然存在[1]。从当前世界软件发展来看，提高软件生产率的手段主要有三个：程序自动化生成、CASE工具环境和软件复用。经过几十年的发展和最近几年的突破，软件复用已经被证明是解决软件危机、提高软件生产率和软件质量与规范、推进软件工程化开发和工业化生产的最为现实可行的途径。而软件生产线和基于构件的软件工程是当前软件工程领域比较流行的软件重用实践活动。

另外,随着互联网技术的发展、硬件计算能力的不断提升、用户对软件的需求日益提升,软件系统变得日趋庞大和难以驾驭,缺陷和漏洞难以避免,系统越来越脆弱,如何定义软件系统的可信性,如何提升软件系统的可信程度变成了一个非常重要的问题,也越来越受到政府、科研机构和社会各界的广泛关注与重视。

本文从软件构件、软件生产线和可信软件这三个目前比较热门的技术入手,分析了目前软件工程领域的若干新的技术方向及发展趋势,以供参考。

1 软件构件

软件复用一直是软件工程研究和实践的重要方向之一。由于软件具有知识密集、生产特殊等性质,工业化生产较困难。20 世纪 90 年代以来随着面向对象方法的普及,以及软件体系结构、领域工程等研究的深入,构件—构架开发方法已成为新一代软件开发方法的前沿发展方向,并正在走向成熟。基于构件—构架技术,可以在更高抽象层次上实现大粒度的软件复用,奠定了现实可行的软件工业化生产技术基础。由此可见,基于构件—构架复用的软件开发技术是实现软件产业工业化生产的核心技术,也是形成软件产业规模化生产的技术基础[2]。

另一方面,随着网络规模、技术与应用的快速发展,软件技术与系统也日益体现出网络化、分布性等特性,如图 1 所示。在各类分布对象技术(如 CORBA、EJB、COM+等)的发展基础上,在高速网络环境下,应用服务技术为新一代的软件系统奠定了基础,通过直接提供应用服务,使得软件产品供应商能够适应人们对于技术服务的需求,这些服务构件在有效管理、广泛复用的基础上可以产生更好的效能。

软件复用是软件产业工业化生产的基础,软件构件作为软件系统中的可复用、有机构成成分,已成为软件产业的核心资源,也是信息产业的关键资产。有效管理、应用相关构件,形成大规模的复用,将会提升软件产业的整体实力。构件库系统作为软件复用的基础设施,提供软件资源管理、应用和共享的机制。

20 世纪 90 年代以来,构件化开发成为软件工程中的重要开发方法。主要研究与应用现状如下:

• 在领域工程方面代表性的方法有:卡内基梅隆大学软件工程研究所提出的 FODA 方法[3],Will Tracz 提出的 DSSA 方法,贝尔实验室提出的 FAST 方法,Mark Simos 提出的 ODM 方法。但目前没有广泛适用的领域建模标准与相关工具支持。

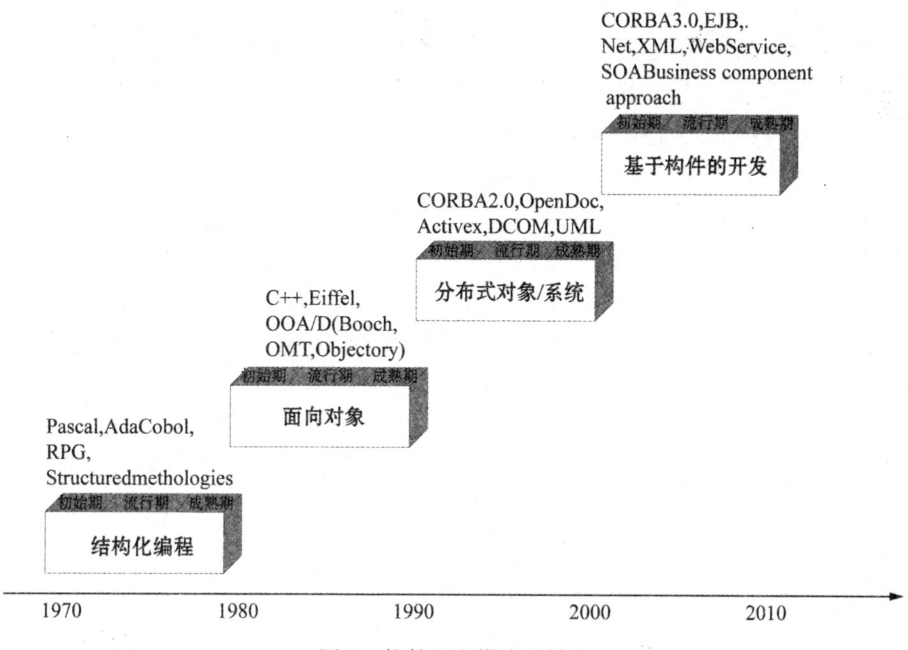

图1　软件开发模式的转变

- 在软件体系结构方面：Kruchten提出的“4＋1”模型是软件体系结构描述的一个经典范例。Booch则从UML角度给出了一种由设计视图、过程视图、实现视图和部署视图，再加上一个用例视图构成的体系结构描述模型。2007年通过的国际标准ISO/IEC42010综合了体系结构描述研究成果，并参考业界的体系结构描述的实践，规定了软件架构的描述方法与模型。
- 在建模技术方面：由OMG负责组织修订和发行的UML是在多种面向对象建模方法的基础上发展起来的建模语言，已成为实际上的建模语言技术工业标准，可以描述现今软件系统中存在的许多技术比如模型驱动架构(MDA)和面向服务的架构(SOA)。已有众多的UML建模支持工具。
- 在构件组装技术方面：有基于架构的构件组装方法，以北京大学梅宏提出ABC组装为代表，并已有了相应的支持工具；此外，还有基于框架的构件组装和基于工作流的组装。构件的组装方式目前主要有对象连接式、接口连接式、插头插座式以及面向连接基于消息的方式。

近年来，在国家科技攻关计划、863计划等的支持下，我国在软件构件化开发方面取得一批重要成果，形成若干关键技术产品，并进行了示范推广。主要如下：

国家科技攻关计划支持的青鸟工程研制完成了基于构件/构架的应用系统集成组装环境(青鸟软件生产线系统)，由系列化标准规范和工具组成，对基于构件的软件开发方法进行了较全面的研究和支持。其中有面向企业和行业的构件库管理系统 JBCLMS、面向对象开发工具集 JBOO、基于构件的配置管理系统 JBCM、变化管理系统 JBCCM、过程管理系统 JBPM 和软件度量工具、面向对象逆向工具、构件制作与组装工具等。上述系统已在西安飞机研究所、上海证券交易所,解放军总参某部、海军大连研究所等单位得到实用。

基于复用的软件开发已成为国际软件开发技术的发展潮流。随着软件复用技术的成熟和推广,公共软件资源库逐渐受到政府、公共事业组织的重视,国际上出现了许多公共软件资源库系统,如 OnePlus、PALAda、REBOOT、AIRS、Universal、SALMS、LID 等。对于公共软件资源库的产业整体基础设施地位,美国政府也有明确的定位,在 1999 年 2 月美国总统信息顾问委员会的报告中,明确提出了研究和建立国家级软件资源库的任务。随着网络技术的不断发展,出现了许多基于 Internet 环境的资源库系统,例如 ComponentSource、Download. com、Active-X. com、Netlib,以及国内由 863 计划支持并发展的中关村软件园构件库和上海软件构件库等。由国家 863 计划和上海市攻关计划支持的上海构件库(如图 2 所示)对构件库、构件化开发方法、构件库运行服务、构件组装技术等进行了研究与实践。

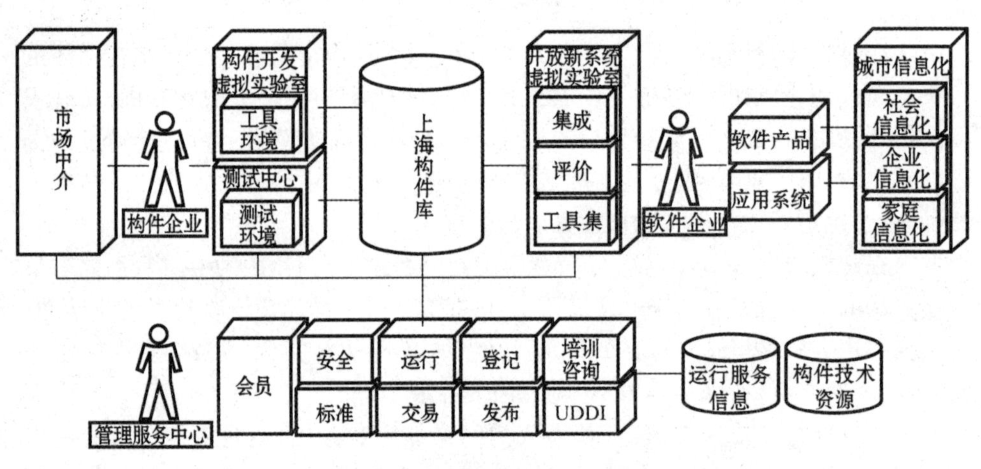

图 2　上海构件库平台服务框架

2　可信软件

随着对软件质量要求的日益提高,“可信”成为了当前软件质量研究和实践的关键特性。可以把“软件可信性”定义为软件的行为和结果符合使用者预期的程度[3]，具体可信性根据主流学术的总结主要体现在可用性、可靠性、安全性、实时性、可维护性和可生存性等六个方面[5]，如图3所示；而可信软件生产技术则是以提高软件可信性为主要目的的软件生产技术。可信软件生产技术是在传统开发技术基础上的发展，传统开发技术主要解决系统功能获取、实现、验证、测试和确认，而可信技术进一步提高软件开发和软件产品的质量。

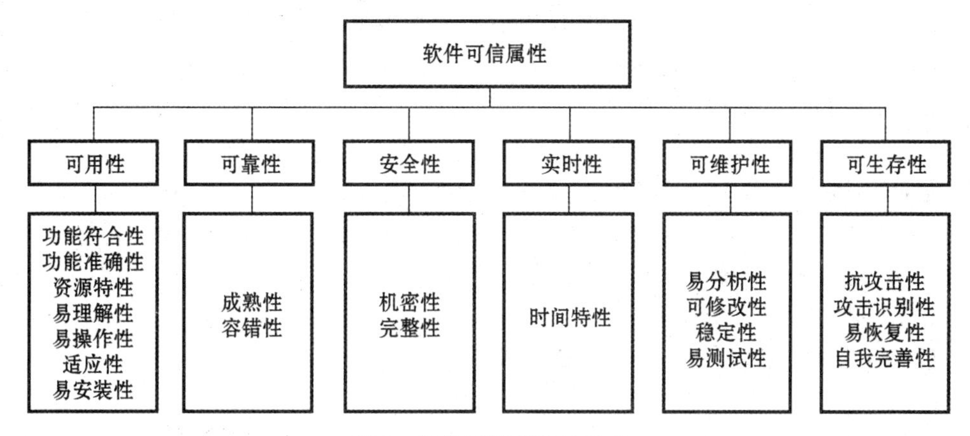

图3　软件可信属性的定义

目前，与可信相关的研究正在全世界蓬勃发展。美国国家软件发展战略(2006～2015)将开发高可信软件放在首位，并提出了下一代软件工程的构想。发达国家的政府组织、跨国公司、大型科研机构等已逐步认识到可信软件的巨大价值和前景，纷纷有针对性地提出了相关研究计划。例如，美国政府的“网络与信息技术研究发展计划”NITRD[6]中，列出了八个重点领域，其中有四个与“可信软件”密切相关。美国NSF(National Science Foundation)投入大量资金支持可信软件研究的同时，还在加州大学伯克利分校建立了科学与技术研究中心TRUST，目标是为设计、构建和运行可信信息系统建立新的科学与技术基础，该中心有八所大学参与，并与IBM、Intel、HP、Microsoft、SUN等15个跨国公司开展工业界合作。此外，国际上著名的研究项目还有美国NSF新近启动的Science of Design计划、NASA(National Aeronautics and Space Administration)在卡内基·梅隆大学支持的HDCC项目、DARPA(Defense Advanced Research Projects Agency)资助的OASIS、德国教育研究部资助的Verisoft和DFG资助的AVACS项目、英国的INDEED和DIRC研究项目。

提高软件生产效率和质量一直是软件生产领域的重大课题。高可信软件生产工具及集成环境是基础软件的重要组成部分，既是软件技术发展的技术制高点之一，也是我国软件产业发展的关键基础，具有重要的现实意义和长远的战略意义。

近年来，软件工具与生产环境呈现出软件开发协同化、软件资源共享化和软件质量可信化的新特点：基于 Internet 的软件协同开发和基于大规模软件资源库的软件复用成为提高软件开发效率和产品质量、降低软件开发成本的重要途径和有效手段；软件的可信性成为软件质量的焦点，强化对软件可信性的分析、度量和应用支撑成为热点问题。

我国也在《国家中长期科学和技术发展规划纲要（2006～2020 年）》中将可信软件系统列为国民经济和社会发展重点领域之“现代服务业信息支撑技术及大型应用软件”优先主题的重要内容。

2007 年科技部 863 部署的 Trustie 课题[5]关注实践导向，研究了可信软件开发建模、可信软件度量验证，以及可信软件监控、评估与管理等可信软件生产技术。在软件可信性获取、定义与表示技术、软件建模中的可信模型验证、模型模拟和评估技术，以及软件可信属性在运行中的保证等技术方面取得了重要的进展。已经形成了一批支持可信软件开发的软件工具、软件资源、生产线、规范。需要通过在软件企业生产实践，尽快完善相关研究成果。

3 软件产品线

软件产品线是软件企业实现系统化复用的有效方法。产品线（Product Line）被定义为“具有一组可管理的公共特征的软件密集型系统的集合，这些系统满足特定市场或任务需求，并且按预先定义的方式基于一个公共的核心资产集（构件、领域模型、领域架构等）开发而得到”，如图 4 所示。基于产品线的软件产品开发的特点是维护公共软件资产库，并在开发过程中复用这些资产。

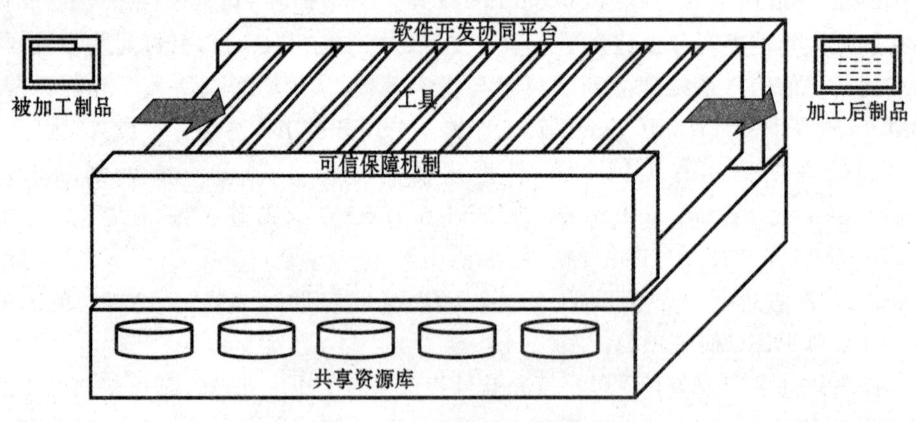

图 4　软件产品线体系结构

2000年,SEI发起召开了第一届国际软件产品线会议并提出一个完整的、经实践确认的软件产品线开发方法。IBM、Microsoft等SPA则提出了特征驱动、面向方面、基于模型驱动体系结构的产品线开发项目feasiPLe。Beglever软件公司的GEARS为创建软件大规模定制生产线提供了底层框架和开发环境,通过与传统的软件工程工具和技术联合使用,GEARS可以方便对面向单一软件产品开发的系统进行扩展,实现软件产品的大规模定制生产。ESAPS(Engineering Software Architectures,Process and Platforms for System Families)作为欧洲六个国家12家公司和10家研究机构合作研发的项目,旨在为大型软件组织引入产品家族开发概念,以提高医学成像、移动电话、航班控制、能源销售和汽车电子等领域的嵌入式软件和分布式软件产品的开发效率。ESAPS结合商业、体系结构、流程和组织四个开发关注点,试图从开发样式和复用两个层面来提高软件产品生产率,并已经在Philips、Nokia、Siemens、Thales和Telvent等公司推广试用。

软件产品线在软件产业界也得到了很好的实践[7]。早在20世纪90年代,美国国防部的NUWC(Naval Undersea Warfare Center)中心就开发了RangeWare产品线及其资产基础;ATAPO(Army Technology Applications Program Office)则成功地为美国陆航特勤队(Army's Special Operations Helicopters)的战场软件开发了软件产品线系统;同时,软件产品线方案也被美国军方的FBCB2(Force XXI Battle Command Brigade and Below)和FCS(Future Combat System)系统所采用。在工业界,ABB的燃气涡轮控制软件、Boeing的航空设备电子软件、Philips的OpenTV交互式机顶盒软件和医学影像软件,以及包括Siemens、Nokia等在内的一系列国际知名企业均采用了软件产品线方法用于开发和维护面向不同用户需求的软件产品家族。其他著名的应用范例还有瑞典CelsiusTech System公司和美国空军电子系统中心(ESC)的产品线系统等。

4　结语

软件产品线强调“自顶向下的重用”,即从体系结构或领域模型出发考虑系统的重用;而构件技术强调的是“自底向上的重用”即从系统最基本的构件和构架来搭建系统的方式实现软件的重用。两者的结合是目前最理想的重用手段;当然无论采取什么技术手段和方法,最终的目标都是实现软件系统的可信性,即软件系统的动态行为及其结果总是符合人们的预期。

要进行信息化建设,要振兴民族软件产业,除了大力发展基础软件,还要重视软件浪费问题,积极寻求提高软件生产效率、形成软件应用规范以提高质量与易用性的种种先进方法,以促进软件企业的良性发展。这已成为了我国和上海软件产业发展的迫切问题。这个问题由于上海建设国际化大都市的需求而变得更为紧迫。从目前上海的现状来看，整个软件界的开发技术有进步，但未获得突破性进展，软件危机未完全摆脱，具体表现在某些领域和方向中软件成本日益增长、开发进度难以控制、软件质量差、软件维护困难、软件开发速度跟不上计算机发展速度、软件开发速度跟不上需求变更和快速部署上线的需求等多个方面。

综上所述，在十二五期间，建议上海可以在以下方面取得重点突破和布局：

• 利用软件行业协会、上海软件园、政府主管部门、第三方中介等进一步扩大对企业在软件工程新技术方面的宣传和技术培训。

• 考虑可能的产业支持政策，推广软件企业对于新的软件工程技术的应用示范，例如领域构件、极限(XP)过程、敏捷软件过程、SOA 等，树立软件工程应用的品牌。

• 建立和完善公共性的或者第三方服务平台的建设，例如上海构件库管理服务平台、上海开源软件服务平台、上海云计算公共服务平台、上海软件生产线服务平台等等，提供咨询、培训、实施外包、中介等服务。

• 依托平台推介和创造新的服务模式，培育新的服务产业，实现产业链整合，提升软件开发效率，降低软件开发成本。

参考文献

[1] 杨芙清. 软件工程技术发展思索[J]. 软件学报，2005，16(1).

[2] 杨芙清，梅宏，李克勤. 软件复用与软件构件技术[J]. 电子学报，1999，27(2)：68-75.

[3] 陈火旺，王戟，董威. 高可信软件工程技术[J]. 电子学报，2003，12(31)：1934-1938.

[4] 江泽民. 新时期我国信息技术产业的发展[J]. 上海交通大学学报，2008，10(42)：1549-1607.

[5] “可信的国家软件资源共享与协同生产环境”863 课题中期技术报告[R]. 国防科技大学、北京大学北京航空航天大学、中科院软件所、中创软件中间件公司，2008-10-27.

[6] 美国“网络与信息技术研究发展计划”[EB/OL]. http：// www. nitrd. gov/pubs/Index. aspx.

[7] Gary J Chastek. Software product lines [M]. Oversea Publishing House，2002.

[8] Kang K C，Cohen S G，Hess J A，et al. Feature-oriented domain analysis(FODA) feasibility study technical report，CMU/SEI-90-TR-21 [R]. Pittsburgh：Software Engineering Institute，Carnegie Mellon University，1990. 1-52

物联网软件技术发展新趋势研究

李光亚

摘　要　文章阐述了 CPS、物联网、RFID、智慧地球、无线传感网、云计算等相关的概念，阐述了不同技术和概念的定义、由来、目前的发展以及将来的发展趋势。最后，结合上海的现状，分析了十二五期间关于物联网、智慧地球等方面的发展可以借鉴的策略与对策。

关键词　CPS；物联网；RFID；智慧地球；无线传感网；云计算

Survey on New Trends of Software Technology of Internet of Things

LI Guang-ya

Abstract　This paper surveys the definitions of CPS, Internet of Things, RFID, Smarter Planet, WSN, Cloud Computing and so far, introducing the definitions, motivations, current and future development of different techniques and concepts. In the end, combined with the status of Shanghai, the paper analyzes the practical strategy and policy on the development of Internet of Things and Smarter Planet during the Twelfth Five-Year period.

Key words　CPS, Internet of Things(IoT), RFID, Smarter Planet, WSN, Cloud Computing

引言

物联网(Internet of Things，IoT)概念最早于 1999 年由麻省理工学院 Auto-ID 研究中心提出，它是将各种信息传感设备，如射频识别(RFID)装置、红外感应器、全球定位系统、激光扫描器等种种装置与互联网结合起来而形成的一个巨大网络。通过装置在各类物体上的电子标签(RFID)、传感器、二维码等按约定的协议，经过接口与无线网络相连，从而给物体赋予智能，可以实现人与物体的沟通和对话，也可以实现物体与物体互相间的沟通和对话。这种将物体连接起来的网络被称为“物联网”[2]。

“物联网”不是个全新的概念,智能电网、智能家电、射频标签等这些应用概念至少十年前就有了,但这些应用至今都局限在一些行业的个性化的应用之中。在2005年,国际电信联盟(ITU)就发布了《ITU互联网报告2005:物联网》,正式诞生了“物联网”的概念。

与物联网概念一起相紧密关联的还有泛在网、传感网、智慧地球、CPS等等这些概念,这些不同概念的差异在于出发点和侧重点不同而核心是一样的。

• RFID是物联网中的一项关键技术,它是一种非接触式的自动识别技术,通过射频信号自动识别目标对象并获取相关数据技术。而物联网是对于世界上的万事万物进行感知、识别,进行智能的分析。

• 传感网[2]是通过采用大量的多种类的传感器的节点(集传感、采集、处理、收发、网络于一体),所形成的自制的网络系统。传感网所关注的是物理世界的动态协同感知,传感网是物联网中最主要的形式和承载方式。泛在网所强调的是无处不在的服务,在泛在网的网络内,涵盖了各种的感知设备、通信网等,它们都是传感网的承载。

• 智慧地球则是IBM所提出的物联网概念[3],是指充分利用信息化和通信技术,提供更加良好的服务、绿色的环境、和谐的社会、安定的社区、持续发展的经济等以城市为单元的功能,为公民建立一个优良的工作、生活和休闲的居住环境。

• 信息-物理融合系统CPS[6]是一个综合计算、网络和物理环境的多维复杂系统,它通过3C(Computation,Communication,Control)技术的有机融合与深度协作,实现大型工程系统的实时感知、动态控制和信息服务。CPS实现计算、通信与物理系统的一体化设计,可使系统更加可靠、高效、实时协同,具有重要而广泛的应用前景。

从总体上来看,CPS、物联网、RFID、智慧地球和传感网,是远景和脚下的路线图的不同关注点。物联网加强调的是联网,传感网也是物联网的承载方式,RFID是其中一项关键技术,智慧地球强调的是从用户和产业的角度达成的最终愿景,而CPS强调物理世界和信息世界的集成,是物联网一个更高级的阶段。

1 RFID

自从全球零售业巨头沃尔玛要求其前100供应商在2005年1月之前必须使用RFID技术之后,一股RFID的风潮便向全球刮了起来,新一代识别技术RFID正成为各国政府和公司关注的焦点。在中国,RFID的应用也在不断升温。据估计，在我国 RFID 每年的需求量将达十几亿元以上。

RFID(Radio Frequency Identification)即无线射频识别，也称电子标签。它是一种非接触式的自动识别技术，通过射频信号自动识别目标对象并获取相关数据。将电子标签附在相关产品上，电子标签会向读写器自动发出产品序列号等信息，而这个过程不需要像传统条形码技术那样进行人工扫描，具有无线即时读取方式、大容量和高速数据处理等能力以及高度自动化的特点。RFID 可以降低生产成本、提高零售效率。在需要对物品进行跟踪或分类管理的任何场合，RFID 都有用武之地。

典型的 RFID 系统由电子标签(Tag)、阅读器(Reader)和天线(Antenna)三部分组成(在实际应用中还需要其他硬件和软件的支持)，如图 1 所示。其工作原理：标签进入磁场后，接收阅读器发出的射频信号，凭借感应电流所获得的能量发送出存储在芯片中的产品信息(Passive Tag，无源标签或被动标签)，或者主动发送某一频率的信号(Active Tag，有源标签或主动标签)，阅读器读取信息并解码后，送至中央信息系统进行有关数据处理。

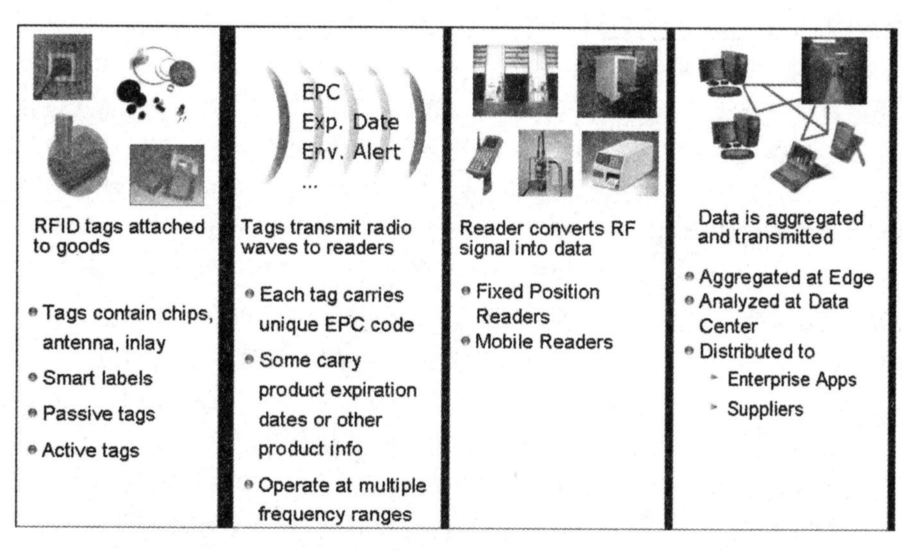

图 1　典型 RFID 系统组成

RFID 的分类主要有以下几种方式：

1) 按供电方式分为有源标签和无源标签

有源是指标签内有电池提供电源，其作用距离较远，但寿命有限、体积较大、成本高，且不适合在恶劣环境下工作；无源标签内无电池，它利用波束供电技术将接收到的射频能量转化为直流电源为卡内电路供电，其作用距离相对有源标签短，但寿命长且对工作环境要求不高。

2）按载波频率分为低频、中频和高频

低频主要有125kHz和134.2kHz两种，中频主要为13.56MHz，高频主要为433MHz、915MHz、2.45GHz、5.8GHz等。低频系统主要用于短距离、低成本的应用中，如多数的门禁控制、校园卡、动物监管、货物跟踪等。中频系统用于门禁控制和需传送大量数据的应用系统；高频系统应用于需要较长的读写距离和高读写速度的场合，其天线波束方向较窄且价格较高，在火车监控、高速公路收费等系统中应用。

3）按调制方式可分为主动式和被动式

主动式标签用自身的射频能量主动地发送数据给读写器；被动式标签使用调制散射方式发射数据，它必须利用读写器的载波来调制自己的信号，该类技术适合用在门禁或交通应用中，因为读写器可以确保只激活一定范围之内的电子标签。在有障碍物的情况下，用调制散射方式，读写器的能量必须来去穿过障碍物两次。而主动方式的标签发射的信号仅穿过障碍物一次，因此主动方式工作的标签主要用于有障碍物的应用中，距离更远(可达30米)。

4）按标签芯片分为只读标签和读写标签

RFID技术的发展，一方面受到应用需求的驱动，另一方面RFID技术的成功应用反过来又将极大地促进应用需求的扩展。目前RFID技术发展非常迅速，有望在高速公路自动收费及交通管理、门禁保安、RFID卡收费、生产线自动化、仓储管理、汽车防盗、防伪、电子物品监视系统、火车和货运集装箱的识别、物流管理、生产线追踪等领域大展身手。

RFID将构建虚拟世界与物理世界的桥梁。可以预见，在不久的将来，RFID技术不仅会在各行各业被广泛采用，最终RFID技术将会与普适计算技术相融合，对人类社会产生深远影响。作为全球的制造业基地，中国将是未来全球最大的RFID应用市场。这对于国内的科研机构和企业将是一次难得的机遇。目前，我国在RFID芯片、RFID系统安全等核心技术方面的研究几乎还是空白，在RFID应用方面也还处于起步阶段。我们相信，在政府推动、企业参与的环境下，在庞大市场空间的吸引下，在中国会有越来越多的企业和研究机构参与RFID技术的研发和应用，会有更多的企业利用RFID技术进行企业信息化改造。中国将不仅主导RFID技术的应用市场，也应该成为RFID技术的全球研发中心。

目前上海对于RFID的应用领域比较广泛，几乎涉及各个行业，其中，RFID在危险化学品气瓶管理中应用、在动物识别管理中应用、在集装箱管理中应用、在特奥会人员管理中应用以及在党代会会议签到与管理中应用等，处于全国领先水平，但主要应用还是在闭环环境中。从发展趋势来看，物流、医药与物品防伪等领域的应用发展潜力巨大。2010年世博会在上海举行，RFID在电子票务、物流管理等方面的应用具有巨大市场与商机，给上海 RFID 的发展带来了难得的发展机遇。

2　物联网

物联网是利用无所不在的网络技术建立起来的。其中涉及的关键技术非常广泛，涉及典型物联网标准体系架构（如图 2 所示）所组成的感知层、网络层和应用层，包括标准化、材料技术、安全和隐私、功率和能量存储技术、发现和搜索引擎、组网技术、通信技术、物联网体系结构、标识技术、硬件技术和软件和算法技术等。

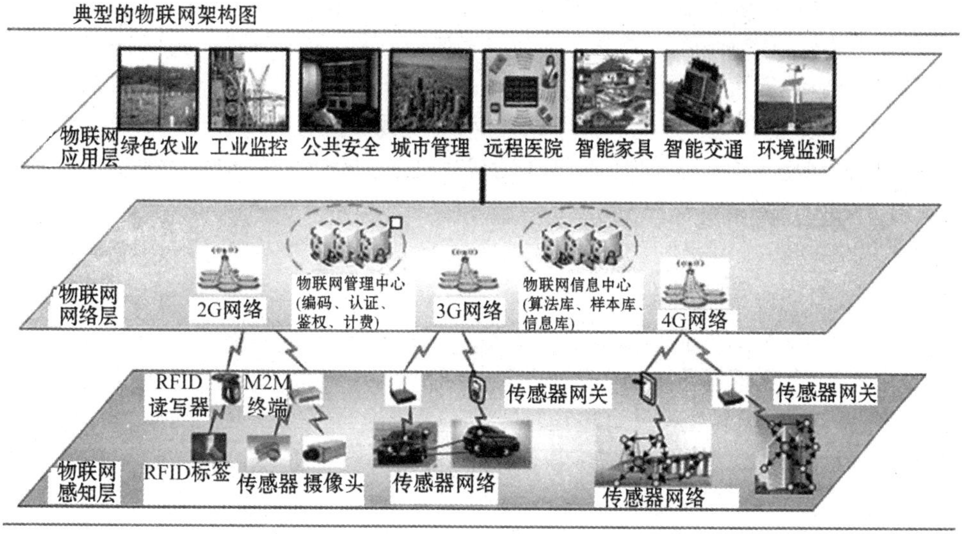

典型的物联网架构图

图 2　典型物联网组成

物联网的远景目标是把所有物品连接到互联网，组成一个超大的智能网络。从网络层次看，物联网主要分为感知层、网络层和应用层。Auto-ID 定义的物联网模型网络结构：在由 EPC 标签、解读器、Savant 服务器、Internet、ONS 服务器、PML 服务器以及众多数据库组成的物联网中，解读器读出的 EPC 只是一个信息参考（指针），该信息经过网络，传到 ONS 服务器，找到该 EPC 对应的 IP 地址并获取该地址中存放的相关的物品信息。而采用分布式 Savant 软件系统处理和管理由解读器读取的一连串 EPC 信息，Savant 将 EPC 传给 ONS，ONS 指示 Savant 到一个保存着产品文件的 PML 服务器查找，该文件可由 Savant 复制，因而文件中的产品信息就能传到供应链上。

我国十分关注物联网。2009 年 8 月 7 日，温家宝总理在无锡视察中科院相应技术研发中心时提出：一是把传感系统和 3G 中的 TD 技术结合起来；二是在国家重大科技专项中，加快推进传感网发展；三是尽快建立中国的传感信息中心，或者叫“感知中国”中心。其后，江苏省委书记梁保华提出把传感网列为全省重点培育和发展的六大新兴产业之一，并提出“要努力突破核心技术，加快建立产业基地”。9月1日无锡市与北京邮电大学签署战略合作协议，无锡市将建设传感网技术研究院，内容主要围绕传感网，涉及光通信、无线通信、计算机控制、多媒体、网络、软件、电子、自动化等技术领域，这将推进传感网技术的研究和产业发展，中国“物联网”正进入实际建设阶段。11月3日温家宝总理在人民大会堂向首都科技界发表了题为《让科技引领中国可持续发展》的讲话。他强调，一要高度重视新能源产业发展，二要着力突破传感网、物联网关键技术。目前，发改委、工业和信息化部正在会同有关部门，在新一代信息技术方面开展研究，以形成支持新一代信息技术的一些新政策措施，从而推动我国经济的发展。感知中国已经上升为国家战略。

从产业发展阶段的角度[5]：未来10年，中国物联网产业将经历应用创新、技术创新、服务创新3个阶段，将经历应用创新、技术创新、服务创新三个主要发展阶段，形成公共管理和服务、企业应用、个人和家庭应用三大细分市场：

• 应用创新，产业形成期——未来1～3年，公共管理和服务市场应用带动产业链形成，中国物联网产业处于产业的形成期。物联网将以政府引导促进、重点应用示范为主导，带动产业链的形成和发展。产业发展初期将在公共管理和服务市场的政府管理、城市管理、公共服务等重点领域，结合应急安防、智能管控、节能降耗、绿色环保、公众服务等具有迫切需求的应用场景，形成一系列的解决方案。随着应用方案的创新、成熟和推广，带动产业链的传感感知、传输通信和运算处理环节的发展。

• 技术创新，标准形成期——未来3～5年，行业应用标准和关键环节技术标准形成。在公共管理和服务市场应用示范形成一定效应之后，随着下一代互联网的发展以及移动互联网的初步成熟，企业应用、行业应用将成为物联网产业发展的重点。各类应用解决方案逐渐稳定成熟，产业链分工协作更明确、产业聚集、行业标准初步形成。随着产业规模的逐渐放大，传感感知等关键环节的技术创新进一步活跃，物联网各环节的标准化体系逐步形成。

• 服务创新，产业成长期——未来5～10年，面向服务的商业模式创新活跃，个人和家庭市场应用逐步发展，物联网产业进入高速成长期。未来的5～10年，基于面向物联网应用的材料、元器件、软件系统、应用平台、网络运营、应用服务等各方面的创新活跃，产业链逐渐成熟。行业标准迅速推广并获得广泛认同。各类提供物联网服务的新兴公司将成为产业发展的亮点，面向个人家庭市场的物联网应用得到快速发展，新型的商业模式将在此期间形成。在物联网应用、技术、标准逐步成熟，网络逐渐完善，商业模式创新空前活跃的前提下，物联网产业进入高速发展的产业成长期。

从产业规模上来看，中国物联网产业的总体规模，预计到 2015 年将超过 1 万亿，2020 年将超过 5 万亿。根据对物联网的三个关键细分领域——传感器、RFID、M2M 的市场发展数据预测，以传感感知层对整体物联网产业的带动系数 5 倍计算，预计五年后中国的物联网产业的整体产值将超过 1 万亿元规模，到 2020 年，物联网产业的整体产值将超过 5 万亿元规模[6]。

从整体上来讲发达国家已经加快物联网相关技术和产业的前瞻布局，我国也已经将物联网作为新兴战略性产业予以重点关注和推进。而从上海自身的角度，目前已经在以下方面居国内的领先地位：

• 物联网技术研发——在 RFID、无线传感网、芯片制造、无线通信、海量数据处理等关键技术研发方面上海具备一定的优势及领先地位。

• 标准制定——例如在无线传感网络标准化方面。近日国家成立了物联网标准联合工作组，中科院上海微系统与信息技术研究所担任联合工作组常务副组长单位。

• 产业推进——前期已经在安防、电子围栏、应急指挥、交通流量监控、世博食品安全、液化气瓶防护等方面取得了一定的成果。上海市委市政府高度重视，由经信委、科委和发改委共同牵头来推进物联网相关的研发及产业化工作。

• 已有城市信息化基础——上海的城市信息化水平应该说在全国处于领先地位，包括社会保障、医疗、交通、环保、物流、社区、农业等方面，这为实施物联网工程提供了应用基础以及数据保障。

3　智慧地球

2009 年 1 月 28 日，美国新任总统奥巴马与美国工商业领袖举行了一次“圆桌会议”，IBM 首席执行官彭明盛在会上首次提出“智慧地球”概念，立即得到美国各界的高度关注，有分析认为，IBM 公司的这一构想极有可能上升至美国的国家战略，并在世界范围内引起轰动。IBM“智慧地球”战略认为，IT 产业下一阶段的任务是把新一代 IT 技术充分运用在各行各业之中。也就是把感应器嵌入和装备到电网、铁路、桥梁、隧道、公路、建筑、供水系统、大坝、油气管道等各种物体中，并且被普遍连接，形成所谓“物联网”。并通过超级计算机和云计算将“物联网”整合起来，实现人类社会与物理系统的整合。在此基础上，人类可以以更加精细和动态的方式管理生产和生活，从而达到“智慧”状态。

IBM 公司对于智慧城市的定义如图 3 所示，是“充分利用信息化和通信技术，通过区域监测、决策分析、业务整合以及智能的响应方式，依据区域管辖权所授予的行政职责，综合各种职能部门和政务业务子系统，提供更加良好的服务、绿色的环境、和谐的社会、安定的社区、持续发展的经济等，以城市为单元的功能，为公民建立一个优良的工作、生活和休闲的居住环境”。

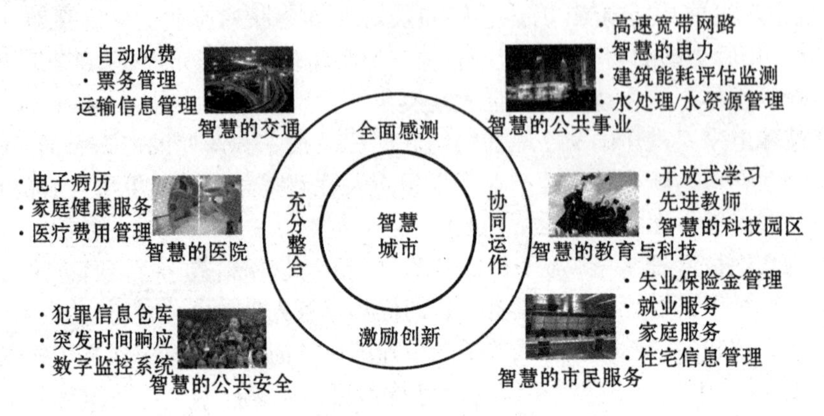

图3　智慧城市的主要部件

在城市的发展过程中，利用信息通信技术来感知、分析、整合，并智能地响应在其管辖范围内市民关于环境、安全、城市服务、民生、及当地产业的活动及需求。从而创造一个更好的城市来生活、工作、休息及娱乐。智慧的城市所具有的要素主要包括：

• 可测量的，可监控的以及可分析的——通过分析服务于个人，企业及政府的系统所产生的数据流，提供新的洞察力和机会，提高效率。

• 整合的——对于所有的城市系统有完整的规划，整体的、综合的管理，城市间可以轻松地共享信息以及成功经验。

• 创新的——应用新的科技及技术提高效率。

• 协作的——市机关、企业、教育机构和个人共同创造城市的构想蓝图及实施方案，提高生活质量。

鉴于智慧信息科技的巨大潜力，美国、英国、澳大利亚等国家都有针对性地制定了相应的计划，投入巨额资金，鼓励智慧型信息产业的发展。中国面临着保持经济增长速度和转变经济增长方式的双重任务，“一边冲刺一边换跑鞋”，如果能抢先把握“智慧地球”这一重大科技趋势，为我所用，就能够获得更大的成功。

就短期而言，完全可以将基础设施的建设与智慧化结合起来，利用先进的信息技术来新建或改造现有的基础设施，建设“智慧型基础设施”。比如建设智能电网、智慧铁路、智慧的城市交通系统，不但同样可以拉动钢铁、机械、设备制造和水泥产业，而且能够拉动电子和软件产业的增长，从而增加知识型就业岗位。智慧型的基础设施还将成为鼓励创新的平台，能够带动新的投资，持续不断地向经济输送动力，可谓一举多得。就长期而言，智慧信息产业的发展将能够有力地推动中国经济增长方式的转型。

从国家层面来看：通过传感网和互联网的应用，"智慧地球"可以极大提高效率，产生更大的效益，但美国试图用其信息网络技术，控制各国的经济，我国发展战略性新兴产业时，必须提高警惕，不能受制于人。在 2010 年经贸形势报告会上李毅中则强调说，"智慧地球"就是通过在基础设施和制造业上大量设立传感器，捕捉运行过程中的各种信息，然后通过传感网，进入互联网，通过计算机分析处理发出智慧指令，再反馈回去，到传感器，到基础设施和制造业上，极大提高效率，产生更大的效益。

• 核心技术掌握：美国试图用它的信息网络技术，小到控制一台计算机、一台发电机，大到控制一个行业，控制各国的经济。所以，对于外国这些新的理念和新的战略，我们既要有启迪，大力发展战略性新兴产业，也要提高警惕，不能受制于人。

• 民生和社会安全：电网、铁路、桥梁、隧道、公路、建筑、供水系统、大坝、油气管道等这些领域涉及民生基建和国家战略，甚至是军事领域的信息。专家认为，如果这些信息被国外 IT 巨头获取或被他国操纵，造成的后果是不可想象的。

4　云计算

云计算概念是由 Google 提出的，这是一种网络应用模式。狭义云计算是指 IT 基础设施的交付和使用模式，指通过网络以按需、易扩展的方式获得所需的资源；广义云计算是指服务的交付和使用模式，指通过网络以按需、易扩展的方式获得所需的服务。这种服务可以是 IT 和软件、互联网相关的，也可以是任意其他的服务，它具有超大规模、虚拟化、可靠安全等独特功效；"云计算"图书版本也很多，都从理论和实践上介绍了云计算的特性与功用[7]。

如图 4 所示，云计算是并行计算(Parallel Computing)、分布式计算(Distributed Computing)和网格计算(Grid Computing)的发展，或者说是这些计算机科学概念的商业实现。云计算是虚拟化(Virtualization)、效用计算(Utility Computing)、IaaS(基础设施即服务)、PaaS(平台即服务)、SaaS(软件即服务)等概念混合演进并跃升的结果。

企业云服务市场逐渐成形。根据 IDC 与 MIC 等单位释出的调查报告，如图 5 所示可将企业云服务简单区分成架构即服务(IaaS)、平台即服务(PaaS)与软件即服务(SaaS)三种，而且，有愈来愈多的厂商开始提供上述三种云服务了。据 Gartner 预测："到 2012 年，80%的财富 1000 强企业将使用部分云计算服务"。

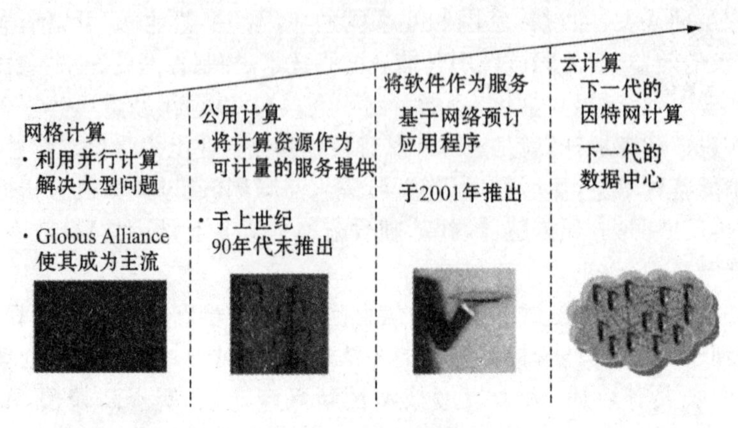

图 4　云计算概念演进

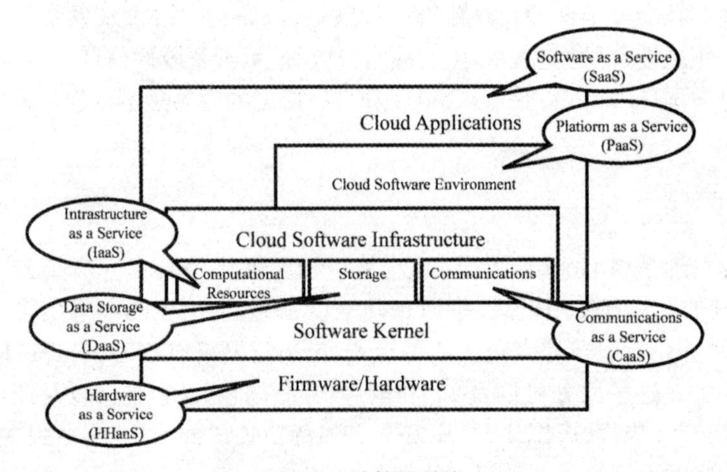

图 5　云计算的种类

IaaS是以Amazon提供的服务为代表。云服务之所以能受到企业市场关注，与Amazon开始提供EC2/S3等服务有着绝对的关系。不看好PaaS服务的Novell总裁暨执行长Ron Hovsepian表示，在众多的云服务中，就属Amazon提供的IaaS，以及各国软件厂商提供的SaaS服务较具市场潜力。因为，选购PaaS意味着企业只能完全接受软件厂商提供的产品服务，而这对一向希望能掌控自家IT系统架构的企业来说，吸引力自然不大。

PaaS又以Amazon、谷歌、Salesforce.com与微软等国外厂商提供的方案较受企业市场关注；如Amazon web services与Google App Engine等；另外，除了

Amazon 外(其选择提供 IaaS 服务),上述厂商都还提供 SaaS 服务;事实上,相较于众多 IT 厂商纷纷投入 SaaS 市场,PaaS 市场显得较为冷清。

而 Saas 是软件和应用层面。这方面的代表是 Google 和 SalesForce。Google 推出了一系列在线工具和软件、Chrome 操作系统,SalesForce 推出的是在线 CRM 系统。随着技术的进一步成熟,2010 年,Saas 模式的云计算将在某些细分领域(如杀毒、即时通讯、CRM 等)获得更多用户的认可。进入门坎相对低的原因促使软件厂商纷纷选择投入 SaaS 市场。相较于一两年之前,有愈来愈多的国内软件厂商宣布加入 SaaS 市场,比如用友的伟库网、金蝶友商网、八百客等等。

当然,并不是所有的应用都适合于用云计算技术来解决(如表 1 所示):

表 1　不适用于云计算技术的应用

Typical Attributes of Applications Surtable for External Clouds	Additional Typical Attributes of Applications Suitable for Software as a Service
• Do not delive competitive advantage • Are not mission-critical • Are not core business applictions • Contain less-sensitive data • Are minimally affected by network latency or bandwidth	• Are at a natural re-engineering point in their lifecycles • Have minimal customization • Have industry-standard workflow

云计算的发展,还存在着许多障碍,例如服务可用性、数据锁、数据私密性和可审计性[8]、数据传输瓶颈、性能的不可预测性、可伸缩的存储、大规模分布式系统的调试、快速剪裁、QoS 保证、软件版权等方面[4],这些也是云计算领域潜在的研究方向。

5　结语

物联网、云计算、无线传感网、RFID、CPS 等概念都不是孤立的,可以说都是为了实现智慧城市和智慧地球这一美好愿景过程中所需要进行突破的关键技术以及需要重点考虑的模式,是需要融合考虑和发展的。在这方面上海城市信息化方面的良好基础已经为上海在信息化方面的提升提供了难得的发展机遇。我们考虑在十二五期间应该在以下方面取得突破和进展:

• 上海十二五期间需要在一批关键技术上[10]布局取得突破,以新技术研发催生新的应用场景。政府要加大知识产权保护,避免知识产权成为瓶颈。

• 上海物联网及其相关领域应该在一批牵涉到国际民生的关键领域进行应用示范来驱动相关产业链的形成,促进产业结构调整和转型。

• 上海物联网及其相关领域应该充分利用上海已有的全国城市信息化领先优势，培育出一批具备核心竞争力的上海本地企业，占领上海乃至全国市场。

• 上海物联网及其相关领域应该通过新型服务模式和业务模式的孵化和培养，大力培养增值服务运营商，加速现代服务业的发展。

• 上海物联网及其相关领域在标准规范方面应该着重制订出一系列的面向行业的应用标准规范或指南，逐步推向全国，提升上海地位。

• 应该着力解决上海物联网及其相关发展带来新的管理方面的问题，包括法律和体制、机制的保障等。

鉴于笔者认识和判断本身的局限性，本文还存在不足之处，欢迎专家、学者不吝赐教。

参考文献

[1] 何积丰. IT 前沿技术[J]. 微型电脑应用，2009(1).

[2] 何积丰. 物联网系统中的软件[C]. 2010 中国(无锡)国际物联网峰会暨嵌入式技术创新应用大会，2010-4-20.

[3] 彭明盛. 智慧的地球[N]. 人民日报，2009-07-24 第 009 版.

[4] Samuel Greengard. The Silver Lining: To Build an Effective Cloud Computing Infrastructure, Start With the Right Core Technology [M]. IDG White Papers, 2009.

[5] Dave Malcolm Surgient. The five defining characteristics of cloud computing [N]. ZDNet News, 2009-04-09.

[6] 国家 863 计划信息技术领域办公室和国家 863 计划信息技术领域专家组. 信息-物理融合系统 CPS(Cyber-Physical System)发展战略论坛纪要[C]. 2010-1-15.

[7] 周洪波. 物联网技术、应用、标准和商业模式[M]. 北京：电子工业出版社，2010.

[8] 黄维真，疑云逼近——“云计算”时代的国家安全(上)[J]. 国防，2010，4.

[9] Akyildiz IF, Su W, Sankarasubramaniam Y, et al. Wireless sensor networks: a survey [J]. Computer Networks, 2002, 38(4): 393-422.

[10] 中关村物联网产业联盟、长城战略咨询. 物联网产业发展研究(2010)[R]. 2010.

自然计算发展趋势与应用研究

汪　镭

摘　要　本研究对自然计算的内涵进行了分类归纳，包括进化计算、生物启发计算、群体智能等，指出了各子类最显著的特点。在此基础上，介绍了自然计算在国内外九大高新技术领域的应用现状。分析国内外应用的差距与优势，提出相应的改进意见。讨论证实了自然计算的有效性、内涵的丰富性，最后对自然计算进一步的应用前景进行了总结与展望。

关键词　自然计算；进化计算；生物启发计算；群体智能；九大高新技术；新能源；制造业；新材料

On Development Trends and Applications of Nature Inspired Computing

WANG Lei

Abstract　The content of Nature Inspired Computation (NIC) is classified, including Evolution Computing, Biologically Inspired Computing, Swarm Intelligent etc., whose most significant characteristics is indicated. The state-of-the-art applications of Natural-inspired Computation technology in the key nine high-tech fields, including domestic and foreign, are summarized. The advantages and disadvantages between the corresponding domestic and foreign research fields are compared and the suggestion for improvement is given. The discussion verified the effectiveness, richness of contents of NIC. Finally, the further application prospects is summarized and forecasted.

Key words　Nature Inspired Computing, Evolution Computing, Biologically Inspired Computing, Swarm Intelligent, Nine High-tech Fields, New Energy, Manufactory Industry, New Material

引言

自然计算(Nature Inspired Computation)作为计算机科学的重要分支,在近年来的发展中,其内涵与外延不断扩展,国内外学术论文与专著层出不穷,实际应用也愈加广泛。为理清研究思路,笔者在本文中以各研究领域最显著的特征为依据,对自然计算的内涵进行分类,同时介绍自然计算应用十分广泛的九大高新技术领域,概括主要研究领域的发展趋势,结合应用成果,分析国内外差距,对自然计算的发展与未来形成一种综合全面的认识。

2009年5月,为了深入贯彻中央经济工作会议,落实国家重点产业调整振兴规划和市委"推进科技创新,增强发展能力"重大课题研究成果,积极应对国际金融危机,增强上海产业综合竞争力,确保经济平稳较快发展[1],上海市人民政府印发《关于加快推进上海高新技术产业化的实施意见》(以下简称《意见》),其中涉及九大领域:新能源、民用航空制造业、先进重大装备、生物医药、电子信息制造业、新能源汽车、海洋工程装备、新材料、软件和信息服务业。同年,成立了上海市高新技术产业化促进中心[2],面向全社会推进和服务高新技术产业化。

《意见》中的九大领域涉及生产、生活的方方面面,而所需的支撑科学与技术广泛而复杂,各个领域的专业知识差别很大。然而,自然计算却可以在这多个领域、多个学科中起到穿针引线的作用。

自然计算是指以自然界(包括生态系统、物理、化学、经济以及社会系统等),特别是生物体的功能、特点和作用机理为基础,研究其中所蕴含的丰富的信息处理机制,抽取出相应的计算模型,设计出相应的算法并应用于各个领域。当以计算过程的角度分析复杂自然现象时,可使人们对于自然界以及计算的本质有更深刻的理解。从自然界得到启发、由人工设计的计算方法是对隐含在自然界中的概念、原理以及机制的类比应用。在自然计算相关的研究领域,各类智能算法层出不穷,它们形态各异,理念各异,建模及分析工具各具特色,但这恰恰体现了其计算模式的多样性。多样性被公认了,是否在某些自然算法之间存在着一定程度的统一性呢?答案显然是肯定的。

从学科发展的角度来看,自然计算的研究是各类自然科学(特别是生命科学)和计算机科学相交叉而产生的研究领域,它的发展完全顺应于当前多交叉学科不断产生和发展的潮流。经过几十年的发展,自然计算的研究范畴已经扩大到数十个方面,并且不断有新的算法和计算机制涌现。有关于自然计算研究主要集中在:进化计算、人工神经网络、分子计算、蚁群系统、量子遗传算法、人工免疫系统、人工内分泌系统、复杂自适应系统等等。自然计算的应用领域包括复杂优化问题求解、智能控制、模式识别、网络安全、硬件设计、社会经济、生态环境等方面的应用。由于自然计算内涵的丰富性，以及涉及技术的多样性(涵盖多个学科及近百种算法与计算框架)，本文第一部分将详细探讨自然计算技术在九大高新技术领域的应用。

本文其他部分结构如下：第二部分介绍自然计算内涵，第三部分介绍高新技术的内涵，第四部分介绍自然计算的发展趋势，第五部分详述自然计算在高新技术领域的应用成果，第六部分分析国内外差距并提出改进的建议，最后做出总结。

1　自然计算主要研究范畴

自然计算由于其本质是借鉴自然界的功能与作用机理抽象出的计算模型，其研究必然涉及现代自然科学的方方面面，其相关领域广阔。正是由于自然计算研究的多样性，其外延和内涵互相交织，互相包含，研究范畴常常被混淆。为了明确学科内涵，有必要对自然计算的研究范畴进行细致的分类，但是，自然计算研究中各领域的交叉使得这样的想法难以实现。例如，作为自然计算的主要研究领域之一，遗传算法常常被认为是四种主要进化计算研究领域中的一种，但由于遗传算法以染色体构成的种群为基础，又可以划分为群体智能的一支；再如，神经网络由于其鲜明的生物学特点，常常被认为是生物启发计算的重要代表，但究其内部作用机理，神经网络由可以作为自组织理论研究的一部分处理。为了综合全面的反应自然计算研究内涵，笔者以各分支研究领域最显著的特点为依据，将自然计算划分为四个主要领域，如图1所示。

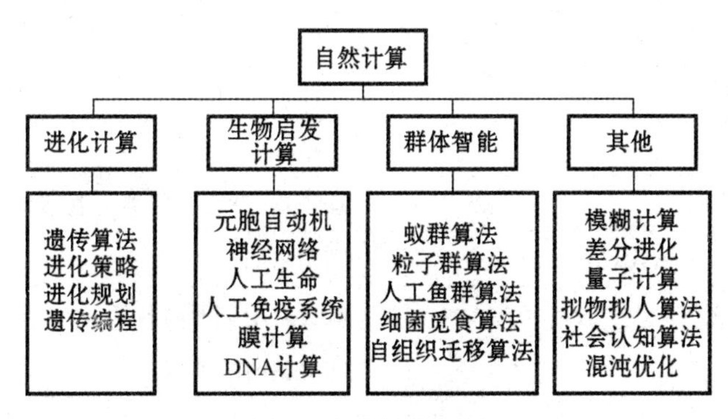

图1　自然计算内涵

1.1　进化计算(Evolution Computing)

进化计算是模拟自然界生物进化过程产生的一种群体导向随机搜索的技术和方法，它的基本原理是进化机制和自然选择法则。进化计算最典型的方法有四种：

遗传算法(Genetic Algorithm,简称 GA)[3]、进化策略(Evolutionary Strategy,简称 ES)[4]、进化规划(Evolutionary Programming,简称 EP)和遗传程序设计(Genetic Programming,简称 GP)。这些方法虽然在基因结构表达方式及对交换与突变作用的侧重点上有所差异,但它们都是借鉴生物界中进化与遗传机理来解决复杂的科学技术问题。

1.2 生物启发计算(Biologically Inspired Computing)

智能作为自然计算研究的一个最重要子集,生物启发计算是由连接主义、社会行为学和涌现等众多研究主题松散连接起来的研究领域。生物启发计算与人工智能的联系十分紧密,且许多研究都与机器学习相关。其理论构建于生物学、计算机学以及数学基础上。简单说来,生物启发计算使用计算机对自然现象建模,并同时用研究自然界得到的启发改进对计算机的使用。表 1 给出了生物启发计算研究与其生物学研究的对应关系。

表 1 生物启发计算及其生物学研究对应领域[5]

生物启发计算研究领域	生物学研究对应关系
遗传算法	进化
生物降解性预测	生物降解
元胞自动机	生命
涌现系统	蚂蚁,白蚁,蜜蜂,黄蜂
神经网络	大脑
人工生命	生命
人工免疫系统	免疫系统
渲染(计算机图形)	动物皮肤模式,鸟类羽毛,软体动物甲壳,菌落
林登梅耶系统(Lindenmayer Systems)	植物结构
通信网络与协议	流行病学与疾病蔓延
膜计算	活细胞内的膜分子过程
激发介质	森林大火,人浪,心脏病

1.3 群体智能(Swarm Intelligent)

自然计算中研究最为活跃、应用也最为广泛的是群体智能。群体智能这个概念来自对自然界中昆虫群体的观察,群居性生物通过协作表现出的宏观智能行为特征被称为群体智能。

群体智能具有如下特点：

(1) 控制是分布式的，不存在中心控制。因而它更能够适应当前网络环境下的工作状态，并且具有较强的鲁棒性，即不会由于某一个或几个个体出现故障而影响群体对整个问题的求解。

(2) 群体中的每个个体都能够改变环境，这是个体之间间接通信的一种方式，这种方式被称为"激发工作"(Stigmergy)。由于群体智能可以通过非直接通信的方式进行信息的传输与合作，因而随着个体数目的增加，通信开销的增幅较小，因此，它具有较好的可扩充性。

(3) 群体中每个个体的能力或遵循的行为规则非常简单，因而群体智能的实现比较方便，具有简单性的特点。

(4) 群体表现出来的复杂行为是通过简单个体的交互过程突现出来的智能(Emergent Intelligence)而形成的，因此，群体具有自组织性。

1.4　其他研究领域

除了上述三个子类涵盖的研究领域，仍有众多分散的研究领域无法恰当地包含在上面框架中。这也从一个侧面反映了自然计算内涵的丰富。这些研究领域如下：

(1) 最优化算法。最优化算法中相当一部分具有抽象的生物种群概念，并模拟生物种群信息传递的机制搜索问题的最优解；但仍有相当一部分最优化算法，并不具备鲜明的生物学特征，其中具有代表性的是差分进化[6]。尽管差分进化算法是基于种群的搜索算法，但其向量更新法则没有明确的生物学对应。除此以外，模拟退火算法[7]、量子计算[8]、混沌优化[9]、社会认知算法[10]等，同样无法纳入上述三个框架。但这类算法均是对自然界某些现象的抽象建模，是受自然启发设计的计算机制，仍属于自然计算的范畴。

(2) 模糊计算。模糊计算是由人类自然语言的模糊性和有效性为启发发展出的一类数学理论。模糊计算最主要的应用领域是模糊控制。

(3) 自组织理论。自组织理论起源于物理学，随后在化学中也发现存在类似的"自集合"现象，再后来生物学中自组织成为一个重要理论，从微观的亚细胞结构到宏观的生态圈结构。

2　高新技术内涵

国际经济合作与发展组织(OECD)定义的高新技术领域为：计算机及通信技术、光电技术、电子技术和微电子集成技术为内容的信息技术；生命科学和生物技术;材料技术;航空航天技术;武器技术;核技术[11]。《意见》中大力推进的九大领域中,新能源、先进重大装备、新能源汽车、海洋工程装备为经合组织没有列入的新领域,同时,经合组织定义的武器技术没有出现在《意见》框架中。上述变化旨在体现上海市区域技术经济的特点与优势,并以下列需求为驱动:①增强先进制造业发展后劲的需要;②新一轮产业结构调整的需要;③建设现代化国际大都市的需要。九大高新技术领域简述如下。

(1) 新能源。新能源是指传统能源之外的各种能源形式。它的各种形式大多是直接或者间接地来自于太阳或地球内部深处所产生的热能(潮汐能例外)。包括了太阳能、风能、生物质能、地热能、水能和海洋能以及由可再生能源衍生出来的生物燃料和氢所产生的能量。

(2) 民用航空制造业。包括大型客机的总装和研发、支线飞机批产、商用飞机发动机研发和航电系统集成。

(3) 先进重大装备。重大技术装备是指装备制造业中技术难度大、成套性强,对国民经济具有重大意义、对国计民生具有重大影响,需要组织跨部门、跨行业、跨地区才能完成的重大成套技术装备。主要包括核电、火电、特高压输变电、轨道交通装备、自动控制系统等。

(4) 生物医药。生物医药产业由生物技术产业与医药产业共同组成。①生物技术产业:其主要内容包括:基因工程、细胞工程、发酵工程、酶工程、生物芯片技术、基因测序技术、组织工程技术、生物信息技术等;②医药产业:包括制药产业与生物医学工程产业。制药产业:包括生物制药,化学药和中药。生物医学工程产业包括生物医学材料制品、(生物)人工器官、医学影像和诊断设备、医学电子仪器和监护装置、现代医学治疗设备、医学信息技术、康复工程技术和装置、组织工程等。

(5) 电子信息制造业。主要分为四大行业,①通用电子仪器仪表制造业:包括工业自动控制系统装置、电工仪器仪表、实验分析仪器、供应用仪表及其他通用仪器制造业;②通信设备制造业:主要包括通信传输设备、通信交换设备、通信终端设备、移动通信及终端设备制造;③电子器件和元件制造业:主要包含电子真空器件、半导体分立器件、集成电路、光电子器件及其他电子器件、电子元件及组件制造;④其他电子信息设备制造业:主要包括电线电缆、光纤、光缆制造。

(6) 新能源汽车。新能源汽车是指除汽油、柴油发动机之外所有其他能源汽车。包括燃料电池汽车、混合动力汽车、氢能源动力汽车和太阳能汽车等。

(7) 海洋工程装备。海洋工程装备是一种多功能新概念的海洋装备,以海上作业为目的,包括海洋钻井平台、海上浮式生产储油船舶 FPSO、半潜式自动升降平台、海底铺缆船舶等等[12]。

(8) 新材料。新材料是指那些新出现或已在发展中的、具有传统材料所不具备的优异性能和特殊功能的材料。目前，一般按应用领域和当今的研究热点把新材料分为以下的主要领域：电子信息材料、新能源材料、纳米材料、先进复合材料、先进陶瓷材料、生态环境材料、新型功能材料（含高温超导材料、磁性材料、金刚石薄膜、功能高分子材料等）、生物医用材料、高性能结构材料、智能材料、新型建筑及化工新材料等。

（9）软件和信息服务业。软件与信息服务业是现代服务业的重要内容之一，主要包括通信传输服务业、软件与系统集成服务业、信息技术服务业、互联网及增值业务服务业四大类。

3　自然计算的发展趋势

3.1　遗传算法

遗传算法不是一种单纯的优化算法，而是一种以进化思想为基础的全新的计算框架，是解决复杂问题的有力工具。尽管遗传算法在许多领域得到了广泛和深入的应用，但是它仍然存在一些问题。遗传算法本身的发展也是一个不断进化的过程，理论研究需要引入新的数学工具，以克服其数学基础薄弱的缺陷，应注意遗传算法与其他优化算法的融合和比较。应用研究应着重于现实世界问题的解决。

3.2　免疫算法

免疫算法是一种新兴的智能仿生算法，具备许多特有的优点，如全局优化、鲁棒性好、易于并行处理、智能度高等，必将成为网络、智能、控制、计算等领域研究的重点和热点之一。预计今后免疫算法理论的研究将围绕以下几个方面展开：

（1）算法数学理论的深入分析。主要包括参数分析、收敛性分析和稳定性分析，为进一步提出高效的信息处理算法提供理论依据。

（2）算法机理的深入探讨。深入研究免疫算法的并行化设计，为相应的应用方案设计有效的编码方案和计算方法，如并行分布式网络入侵检测、基于免疫识别机理的模式特征提取等。

（3）智能计算方法的融合。融合各种算法的特点，各取所长进行求解，如通过一种方法对问题进行预处理或者利用一种方法加强另外一种方法，开发更为高效的智能计算方法。

3.3　蚁群算法

尽管经过十几年的发展，蚁群算法被证明在处理组合优化等问题中非常有效，但是和遗传算法、人工神经网络相比还不够成熟，还需进一步研究与探索。其中包括：继续探索真实蚁群的行为特征，进一步改进蚁群算法；通过数学理论验证蚁群算法的正确性和可靠性；研究蚁群算法的并行实现；探索并拓展与其他仿生算法（如人工鱼群算法、混合蛙跳算法、蜂群算法、情感计算等）的融合，使求解问题更加有效，应用范围更加广泛；建立蚁群算法求解具体问题的算法模型；继续探究智能群体—蚁群算法未来的发展方向，目前尚处于萌芽阶段。

3.4 差分进化

差分算法是一种新兴的有潜力的进化算法，已研究和应用的成果都证明了其有效性和广阔的发展前景，但由于人们对其研究刚刚开始，远没有像遗传算法那样已经具有良好的理论基础、系统的分析方法和广泛的应用基础，目前主要在算法分析，参数选择与优化，算法改进和算法应用方面需要进一步开展研究。

3.5 DNA 算法

DNA 算法是一个崭新的，跨学科的研究领域。从 1994 年到现在的几年里，关于 DNA 算法的研究已经取得了不少令人兴奋的结果。DNA 算法的理论研究和实际实现等待着人们进一步的深入研究，与智能系统中的其他计算方法相结合的途径需要更好地探索。DNA 算法充满机遇与挑战，在实践过程中不断探索，科学地归纳出一套计算规则更是一项艰巨的任务。

3.6 量子算法

在目前量子计算机还未进入实际应用的情况下，量子计算的研究重点包括：

(1) 计算的物理实现。提高量子体系中相干操控的能力，实现更多的量子纠缠状态。

(2) 研究新的量子算法。目前还有很多经典算法无法解决的难题，研究新的能解决这些难题的量子算法是一个重要方向。

(3) 增强现有量子算法的实用性和扩展现有量子算法的应用范围，如将量子 Fourier 变换的应用推广到解决隐含子群问题以及更广的范围，将 Grover 算法体系扩展到二维和多维搜索域等。

3.7 复杂自适应系统

3.7.1 增强主题描述

Holland 指出用规则作为适应性主体的描述工具，把规则作为定义主体的一种正规手段。但是这种方式描述的主体没有体现主体的属性的描述，主体既然是具有适应性的主体，就必然具有一些特有的特性和公共的属性。为主体加上属性的描述，并将其适应性也与某个或某些属性结合起来似乎更合理、更直观。

3.7.2　基于回声模型的研究

在现有的文献中，关于 CAS 的研究大多限于应用研究，应用 CAS 的新颖的概念与思想来研究各个领域的一些具体的系统（它们有：供应链、经济、金融市场、电力系统等），而这些应用研究也大多是简单的应用 CAS 的思想及基于规则的主体的概念与方法，真正采用回声模型的研究似乎并没有。

社会经济系统和生物系统有很大的差别，CAS 的回声在生物系统的描述比较完美，但是能否概括社会经济系统的特征呢？社会经济系统也是一类典型的 CAS，它包括区域性的经济系统、生态环境——资源系统、能源系统等，企业群，区域性市场环境等。对于这类系统的合理建模与模拟方法值得探讨。

3.8　粒子群算法

对粒子群算法的研究，无论是在理论还是在实践方面都在不断发展中，已有的研究成果还相当分散。与相对鲜明的生物社会特性基础相比，PSO 的数学基础显得相对薄弱，缺乏深刻且具有普遍意义的理论分析。因此，对数学基础的研究非常重要，包括对不同搜索问题的收敛性、收敛速度估计、预防陷入局部优值和参数设置影响。此外，还需要进行与其他优化技术的比较，更深入地了解其性能，并与其他技术（神经网络、模糊逻辑、复杂系统自组织[13]以及混沌理论等）相结合，以提高算法的计算性能。

3.9　文化算法

目前，文化算法的研究在不断深入，存在较大的研究空间，主要体现在以下几方面：

（1）加深算法的理论研究。一方面从计算复杂性和收敛性角度，深入分析算法性能；另一方面对知识结构及其适用条件进行深入剖析，完善算法体系结构。

（2）用于解决多目标优化问题的算法研究。文化算法在该方面的相关研究成果还比较缺乏，更合理、有效的知识描述和利用方式是其研究核心。

（3）并行文化算法。基于个体迁移模式的单种群文化算法并未充分利用信度空间知识，更高效的信息迁移模式可以提高算法性能，同时减少算法通信代价。

（4）高维约束优化问题中的知识提取及利用。许多实际复杂问题的自变量维数逐渐增多、目标和约束条件更加复杂，如何实现高维变量空间的知识提取和储存逐渐成为该算法的研究瓶颈。

3.10 社会认知算法

关于社会认知算法有以下几个方面值得关注：

(1) 算法本身的改进，与进一步完善社会认知理论是一个并发的随机过程，需要进一步分析算法的复杂度问题。

(2) 可将算法与其他算法结合，例如将算法与自组织算法结合、将算法与多代理系统相结合。

(3) 应用领域的进一步拓展，使得算法具有实用性。

3.11 极值优化

极值优化(Extremal Optimization，EO)算法的研究尚处于初期，还有许多问题值得研究。以下几个问题值得关注：

(1) EO 算法的理论基础研究还很贫乏，研究者们还不能对 EO 的工作机理给出恰当的数学解释。迄今为止，还没有文献对 EO 算法进行收敛性分析和理论证明。对此问题还需要就此问题做大量深入的研究。

(2) EO 算法中适应度函数的定义对于加快收敛速度和找到全局最优解起着至关重要的作用，但是，对于不同的问题，其适应度函数的定义都有所不同。因此，研究如何针对不同的问题来定义合适的适应度函数也有着重要的理论意义。

(3) 由于实际问题的多样性和复杂性，尽管目前已提出了许多改进的 EO 算法，但是研究新算法的动力并未减弱，还有许多工作可做。

3.12 人工鱼群算法

人工鱼群算法是一个新的智能仿生优化算法，其研究尚处于初期，远不像遗传算法和模拟退火算法那样形成了系统的分析方法和一定的数学基础，在理论证明、算法改进、参数优化与设计，以及应用领域的拓宽方面值得进一步的研究。

3.13 BFO 细菌觅食算法

细菌觅食算法有很广阔的研究空间。目前 BFO 的研究有以下几方面亟待解决：

(1) 模型的改进。

(2) 其他细菌群落的研究。

(3) 算法的实际应用。

3.14 混沌优化

无论是函数优化，还是组合优化，算法利用混沌的本质都是借助其遍历性来避免搜索过程陷入局部极小的。因此，如何利用和控制好混沌动态，是这类算法产生良好性能的关键。纵观上述研究进展，可见混沌优化研究目前还存在大量不足之处，许多方面有待改进和完善。值得进一步研究的方面主要有：

(1) 混沌优化的理论研究是很重要且迫切的研究课题，尤其是从理论上研究混沌的引入与控制对算法全局搜索能力的影响，其研究成果将有助于指导混沌优化算法的设计。

(2) 注重算法本身环节的实用性改进工作和规律性结论的归纳。

(3) 注重混沌优化方法与其他类型的各种优化方法的比较研究，进而吸收其他方法的优点来改进混沌优化算法本身。

(4) 算法的设计与研究最终是面向实际应用的，因此不仅要注重实用性算法的研究，而且应注重拓宽算法的实际工程应用领域，尤其是探讨算法在复杂和大规模问题中的应用潜力。

3.15　自组织迁移算法

(1) 算法早熟问题的改善研究。

(2) 为使 SOMA 算法能够更高效的解决问题，算法的性能达到最优，SOMA 基本参数的分析与设置以及迁移方式的研究是值得研究的一个方向。

(3) 与其他算法的融合。

3.16　细菌趋药性算法

细菌趋药性算法作为一种新的智能算法，有进一步深入研究的价值[14]。但较之 GA、ES、PSO 等算法，它远不够成熟，主要体现在以下几个方面：

(1) BC 算法基础理论研究。

(2) 将 BC 算法和其他算法结合起来的混合算法。

(3) 对算法本身的改进。

(4) 拓展算法的应用领域。

4　自然计算在国内外高新技术领域的应用

4.1　新能源

自然计算在新能源领域的应用主要集中在能源采集与转化系统设计参数的最优化方面。在我国，比较有代表性的应用有：

林珊[15]使用模糊控制和功率比较法跟踪太阳能发电系统最大功率，结果表明,在晴天少云时,太阳能发电系统可提供高达30%的电能,从而达到了该系统的节能目的,同时为家用太阳发电系统运行的可行性提供了实证。琚亚平等[16]建立了多运行工况下升阻比最高的风力机翼型优化设计方法,运用Bezier函数建立了翼型的数字化参数表征方法,根据完全析因试验设计方法选取了翼型族的设计空间,利用计算流体力学方法获得了每个翼型样本的气动性能参数,采用人工神经网络和遗传算法相结合的方法求解了优化命题。

在国外,典型应用有:Grady,S A等[17]在限制安装的发电机组数量和每个风电场占地面积的情况下,采用遗传算法来获取风力涡轮机最大的产电能力优化配置,并在单向均匀风,可变方向均匀风和非均匀的变向风情况下进行了数值分析。Dufo-López,Rodolfo等[18]针对混合动力系统的设计中涉及的可再生能源供应不确定,负载要求和一些部件的非线性特性造成的设计复杂性,使用遗传算法解决最优光伏混合能源系统设计问题。Kalogirou,Soteris A[19]根据一个典型气象年(TMY)中塞浦路斯的气候条件数据,对人工神经网络进行训练,学习集热器面积和储存罐大小的相关性;并使用遗传算法来估计这两个参数的最佳规模,优化了太阳能能源系统,以最大限度地发挥其经济效益。

4.2 民用航空制造业

自然计算在民用航空领域的应用目前主要集中在故障检测、引擎设计与航迹规划等方面,我国的典型应用有:顾伟等[20]为提高飞机操纵面故障诊断的准确性,提出了一种模糊差分进化故障识别方法以进行飞机操纵面故障诊断。刘小雄等[21]提出基于智能解析余度的容错飞行控制系统设计方案,使用径向基神经网络的在线学习和全局逼近的性能,建立飞行控制系统传感器之间的解析余度关系,利用不相同传感器之间的解析关系进行残差分析从而进行传感器的故障隔离与信号重构。有效地抑制了测量噪声和模型不确定性。李长征等[22]通过对平移和旋转量进行编码,采用遗传算法实现了航空发动机的性能曲线逼近。

国外的典型应用有:CRESSLEY,W A[23]将遗传算法应用于飞行器概念设计。Kobayashi,Takahisa[24]提出了一种基于模型的飞行器引擎性能诊断方法,利用神经网络和遗传算法进行了研究。神经网络应用于估计发动机内部的健康状况,遗传算法用于传感器偏差检测与估计。Venter,G等[25]探讨了粒子群算法在多学科综合最优化中的应用,并使用运输机机翼最优化设计问题进行验证。

4.3 先进重大装备

自然计算在先进重大装备领域的应用主要包括设备设计、设备调度以及区域调度优化等方面。国内典型的应用包括:丁卫东等[26]建立了基于遗传算法的机械零部件可靠性优化设计的数学模型。徐小力[27]利用遗传算法的并行搜索能力，用网络权值调整算法(BP)对网络结构参数进行动态优化，达到旋转机械的趋势预测目的，解决旋转机械状态预测神经网络结构参数主要靠人工经验和试验确定、网络结构对环境的适应性较差、预测精度较低的问题。张文[28]针对大规模电网全局无功电压优化控制的困难，提出了基于协同进化框架的合作协同进化粒子群优化算法。基于分解—协调的思想，依据电压等级和地理分布进行分布式优化，将复杂的无功优化问题分解为一系列相互作用的子优化问题。郭卫等[29]则针对传统机械优化设计的局限性、提出模糊化建模、模型转化、遗传算法优化求解的新思路。

在国外，早在 20 世纪 90 年代就有将遗传算法应用于火电机组调度的报告。Dasgupta，D 等[30]使用遗传算法解决火电机组调度问题，通过规划机组起停动作，在满足负载和旋转备用要求的情况下，使运行成本降到最低。Yoshida，H 等[31]提出了一种考虑电压安全评估的粒子群优化无功和电压控制(VVC)的方法。该方法扩展了原始的粒子群算法，使之处理混合整数非线性规划，并确定一个在线 VVC 控制策略，以调节连续和离散控制变量，如发电机的自动电压调节器运行值，有载分接开关变压器的位置和无功补偿装置的数量等。

4.4　生物医药

自然计算在生物医药领域的应用主要包括药动力学预测、蛋白质结构分析、医学图像识别等领域。刘朝晖等就人工神经网络药代动力学研究主要领域，如血药浓度预测、药物结构和药代动力学定量关系、体内体外相关关系研究、群体药物动力学数据分析、药代动力学—药效动力学统一模型研究等方面的应用作了简要综述。李珊等对国外将神经网络应用于环孢素 A 浓度预测的方法和基本情况进行了综述，说明了将神经网络应用于个体化给药的可行性，并指出了其应用前景。

在国内，典型的应用有：王晓明将遗传算法与模拟退火算法相结合，提出了一种新的混合遗传算法，采用 HP 格子模型。HP 格子模型是一种粗粒化的模型，可以将蛋白质中的氨基酸分别放到空间的格子中，那么这个蛋白质的氨基酸链就由二维或三维的正方形格子空间中的自回避行走轨迹表示。采用混合遗传算法对 HP 格子模型优化，得到能量更小的蛋白质二级结构，有效说明采用混合遗传算法是一个求解蛋白质二级结构问题的高效算法。

在国外，典型应用如下：Chun Y. W. 和 Sun C. T. 利用具有稳态策略的遗传算法从 PDB 中提取某种二级结构的模式规则，充分考虑两端氨基酸对中间氨基酸结构的影响因素，定义了新模式规则。Cootes，T 等使用遗传算法从三维医学图像建立二维模型。Rasmussen，T K 等将粒子群算法应用于多染色体序列比对，Eberhart 等使用粒子群算法监督神经网络的演化，并使用此网络区分肿瘤组织与正常组织，来分析人类的帕金森综合征等颤抖类疾病；最早使用遗传算法在二级结构预测方面取得成功的是 Unger 和 Moult 在 1993 年所做的工作。

4.5 电子信息制造业

自然计算在电子信息制造业的应用可分为三种尺度：元件级、电路级以及工厂级。元件级是使用各种算法计算最优元器件外形、参数等；电路级是按照特定需求优化电子电路的结构、布局，加工序列等；工厂级则是最优化设备调度序列，以降低成本。

目前，我国的典型应用有：阎德劲等基于遗传算法提出了一种电子元件热布局优化算法，采用热叠加计算模型，完成电子元件热布局优化，使得各大功率电子元件分散开，并分布于板级电路组装模块四周，各小功率电子元件围绕大功率电子元件分布于中心，并按一定规律排列。朱科等利用 PID 神经网络前馈校正法功能，设计了智能温度仪表硬件电路来解决热电偶温度计算的精度问题。蔡苗等针对塑封 SOT(小外形晶体管)器件的使用失效案例，从芯片设计角度出发，提出一种优化设计方法，该方法利用误差反向传播神经网络(BPNN)，结合主成分分析(PCA)、遗传算法(GAs)及均匀设计的针对非线性系统的优化设计，设计了该塑封 SOT 器件的尺寸参数。

国外的主要应用有：Onwubolu，G C 等使用粒子群算法求解自动电子电路器件管脚钻孔最优序列，以提高生产效率，降低生产成本。Thompson，A 等将进化计算的原理引入电子电路设计中，并证明了进化计算电路设计可以搜索传统设计方法无法涉及的设计空间，存在比传统设计方法性能更优的可能。Marwah，M 等讨论了使用人工神经网络对电子生产过程进行建模的方法，详细分析了网络结构与训练方法，并且开发了相应的建模软件。

4.6 新能源汽车

自然计算在新能源汽车领域的应用集中在能源系统建模与优化设计，研究多以节省能源消耗为主。我国的应用主要有：燃料电池车的整车控制策略包括能量分配策略、制动回馈策略和换档控制策略。这三者对整车燃料经济性的影响至关重要。然而，决定整车控制策略的参数较多，一般是靠经验选择，而且难以用常规的方法来优化。浦金欢等提出了一种基于浮点数编码遗传算法的混合动力汽车控制策略参数优化新方法。以一辆实际混合动力汽车样车的逻辑门限控制策略为例，分析并建立了控制策略参数优化的有约束非线性规划模型，其目标函数包含最小化油耗和排放。齐占宁等提出用遗传算法对主要控制策略参数进行优化，取得了满意的结果。

国外的典型应用有：Moreno，J 等使用神经网络为混合电动汽车（HEVs）开发和测试了一个非常有效的能源管理系统。该系统最大限度地减少车辆的能源需求，而且可以在不同的主要电源下工作，如燃料电池、微型燃气轮机、锌空气电池或其他能源供应，如再生制动回收能源的能力差的动力源，或缺乏快速加速电容量的动力源。质子交换膜是最有前途的燃料电池技术之一，Jemeï，S 等建立了质子交换膜燃料电池（PEMFC）系统的神经网络模型。使用 SIMULINK 实现，并集成到一个完整的汽车动力总成。在此基础上，可对驱动燃料电池车的控制律进行开发和仿真。

4.7　海洋工程装备

自然计算在海洋工程装备领域的应用包括各类设计（船体、引擎）最优化，控制器参数优化以及故障检测等。

国内的研究典型的有：张群站使用改进的蚁群算法针对集装箱船在的结构特点，以集装箱船结构重量最小为优化目标，确定影响重量的设计变量，将集装箱船沿船长方向分割成多个单元，从而求出应力分布以进行安全校核。覃峰等将遗传算法引入船舶推进系统船、机、桨匹配优化设计，建立了合适的优化模型，构造了合理的适应函数。实船优化表明，算法的收敛速度很快且计算精度较高。

国外典型应用有：Lee，Tzung-Hang 等介绍了一种为深水钻井船进行动态定位的模糊逻辑控制器。Serapião，Adriane 等使用粒子群和蚁群算法混合的策略进行石油钻井业务分类。McGookin，Euan W 等将遗传算法置于各种条件下，对油轮的滑模控制器完整系统参数进行了优化。Okada，T 等使用遗传算法对船体关键设计变量的组合进行优化，主要包括主船体尺寸，总体布置，钢材的种类，以及框架和加强筋间距的构件尺寸等。

4.8　新材料

自然计算在材料科学中的研究与应用相当广泛，国际上已有很多关于此领域的综述研究，不再赘述。Chakraborti，N 对遗传算法在材料设计与处理领域的研究与应用进行了详尽的总结，主要包括：原子材料、合金设计、聚合物加工、粉末压实和烧结、有色金属生产冶金、连铸、轧制金属、金属切割、焊接等许多问题。Weile，D S 等对遗传算法在电磁材料领域的研究与应用进行了详细的总结。Bhadeshia，H K D H 对神经网络在材料科学中的应用也进行了深度的评述。

国内典型的应用有：汪忠柱等针对多层雷达吸波材料（RAM）需要满足吸收频带宽和厚度薄的优化目标，用加速遗传算法（AGA）建立了对电磁波的吸收达到特定的反射损耗值要求下多薄层吸波材料的优化设计方法。根据材料参数数据库，给出了在任意给定的频率范围内以及任意入射角下如何确定各层材料的种类和厚度的优化方法。成功地给出了在0.8～2GHz频段以及2～8GHz频段五层微波吸收涂层的优化设计结果，并对优化结果进行了评价。穆朋刚等采用含有变异操作的蚁群算法对已知铺层总数复合材料层合板的参数进行优化设计，最终确定各角度的铺层数及铺层顺序。

4.9 软件和信息服务业

在网络入侵检测方面，使用人工免疫算法几乎成了一种共识。Aickelin，U 等则对免疫算法在入侵检测中的应用做了较为详细的介绍。

在我国，典型的应用包括：WANG，Jin-shui 等介绍了一种基于免疫系统和模糊逻辑的自适应网络入侵检测模型。通过改进候选项目集的产生方式，该模型分别建立了自然行为模式与入侵行为模式的模糊规则集。比较这两种规则集的不同，进而检测到网络入侵。刘琴等提出了一种基于智能体和“多维拍卖”机制的电子商务谈判协商模型，并利用改进的遗传算法实现了交易方案的自动生成。方法可以对 offer 不断优化，高效、快速地生成使参与自动协商的 Agent 双赢的交易方案。

国外的应用主要有：Handl，J 等通过改进蚁群算法，并引入预处理机制，对网络可视文献进行排序和聚类，算法的改进提高了执行的效率并降低了时间复杂性。Jennings，A 等针对目前网络海量信息的现状，提出了使用神经网络模型更好地获取新闻服务的方法。该网络可以通过用户的兴趣以及新闻提供者的评级自适应的调整自身结构。Canfora，Gerardo 等以总成本和响应时间作为网络服务的评价准则，以此建立优化问题，并使用遗传算法对此问题进行了求解。

4.10 小结

自然计算在以上九大领域中的应用众多，由于篇幅所限，本文仅在主要应用中选取若干加以简单介绍，以期使读者对自然计算的应用有总体的了解。

5 国内外差距与分析

通过文章第四部分的论述，不论国内或是国际上，也不论医药还是航空领域，总能发现自然计算技术的身影。目前国际上对自然计算框架下的各类算法的应用均有研究，且部分算法的应用，如遗传算法、模糊逻辑、神经网络等，已经达到了成熟的阶段；而较为新兴的算法，如差分进化、粒子群算法等，各类应用的探索也较为全面地展开。

国内在上述九大领域的研究均有成果，但是与应用研究较为成熟国家相比，仍有许多不足：

(1) 国内的应用研究很多仅仅停留在实验阶段甚至理论阶段，没有经过实物的验证，使结论缺乏可靠的根据，同时也阻碍了自然计算技术在实际应用中的推广。

(2) 国内的应用研究由于缺乏相应的设备与研究平台作为依托，对某一具体领域的研究往往流于表面，没有进行深入的研究。没有对特定领域特定问题深入的理解，也就不可能抓住其精髓使用合适的自然计算技术解决问题，这正是国内一些应用研究的诟病。

自然计算应用的研究，应该立足于具体问题，深入研究，并放眼于方法论研究，寻找具体问题间共同的特点，以进行算法的移植。注重发展理论的同时，也注重算法的实际应用，以理论指导实践，也以实践推动理论。

6　总结与展望

在经历了几十年的发展后，自然计算不断出现的新理论和新方法对计算机科学以及其他学科，包括自然科学、社会学和经济学产生着深远的影响，已经发展为横跨各类自然科学(特别是生命科学)和计算机科学的一门综合学科，其应用渗透到了很多学科。更多新的应用使得自然计算与其他学科相互学习，相互弥补。不论是出现较早、研究较为透彻、应用较为成熟的遗传算法、神经网络等技术，还是应用正逐步展开的蚁群算法，粒子群算法和差分进化算法，抑或是出现不久，正逐渐为人所接受，并探索其适用领域的蜂群算法、蛙跳算法、都散发出无限的活力，帮助科学家和工程师们进行更为高效、更为节约、更为简单的研究、设计与制造工作。

在应用领域，尤其是高技术领域，总是伴随着通常的数学方法不容易解决甚至无法解决的问题；随着科学的发展，高新技术领域使用的计算手段只会越来越智能和高效，而自然计算自身的特性使之成为完美的选择。可以预见，未来的高新技术领域中，自然计算技术将出现显著的分工与融合趋势。其中，分工体现在特定问题使用特定算法解决，融合体现在同一问题使用新的，多种算法取长补短的策略解决。未来的技术需要智能，而智能的技术离不开自然计算。

可以肯定，自然计算的出现与发展，为人们研究自然、利用自然并与自然和谐相处提供了新的视角与新的方式。各种智能计算模式大多源于“自然”，具有统一性和多样性。对其智能模式的理解，我们可以得到这样一句话：个体智能的降低并不一定意味着群体智能的降低，群体智能的提高并不一定要依靠个体智能的提高，关键在于如何有效地共享和协调利用信息。离开了多样性，智能的统一性就无从谈起，但离开了统一性，研究者对各具特色的智能工具也就无法进一步深入认识了。因此，任何高新技术及理论的发展，如果离开了实际的产业实现及提升，其社会意义是极其渺小的。

参考文献

[1] 上海市政府. 关于加快推进上海高新技术产业化的实施意见[EB/OL].（2009-05-16）http：// www. shanghai. gov. cn/shanghai/node2314/node2319/node12344/userobject26ai18563. html.

[2] 上海市高新技术产业化信息网[EB/OL].（2010-06-11）http：// www. shnhti. gov. cn/ index. htm.

[3] Holland J H. Adaptation in natural and artificial systems[M]. Ann Arbor, Mich: MI: University of Michigan Press, 1975.

[4] Hay J, Loo K. K. Evolutionary strategy search algorithm for fast block motion estimation [J]. Electronics Letters, 2006, 42 (15): 854-856.

[5] Biologically. inspired. computing [EB/OL]. (2010-05-13) [2010-05-19]. http: // en. wikipedia. org/wiki/Biologically_inspired_comput ing.

[6] Storn Rainer, Price Kenneth. Differential Evolution—A simple and efficient adaptive scheme for global optimization over continuous spaces [R]. Berkley: International Computer Science Institute, 1995.

[7] Kirkpatrick S, Gellatt C, Vecchi C. Optimizatiion by simulated annealing[J]. Science, 1983, 220 (4598): 671-680.

[8] Shor P W. Algorithms for quantum computation: discrete logarithms and factoring[C]. Proc of the 35th Annual Symp on Foundations of Computer Science, New Mexic, 1994 IEEE Computer Society Press, :124-134.

[9] Choi C, Lee J. Chaotic local search algorithm[J]. Artificial Life & Robotics, 1998, 2 (1): 41-47.

[10] Xie Xiaofeng, Zhang Wenjun, Yang Zhilian. Social Cognitive Optimization for Nonlinear Programming Problems [C]: Proceedings of the First International Conference on Machine Learning and Cybernetics, Beijing, 2002.

[11] 舒惠国. 高新技术解读[M]. 南昌：江西人民出版社，2001.

[12] 张树军. 海洋工程装备——船舶工业未来发展之路[J]. 中国水运，2009，(9)：8-9.

[13] Prigogine I. Order through Fluctuation: Se lf-organization and Social System [M]. London: Addison-Wesley, 1976.

[14] 曹黎侠，张建科. 细菌趋药性算法理论及应用研究进展[J]. 计算机工程与应用，2006，(01).

[15] 林珊. 太阳能发电系统研究[D]. 广东工业大学控制理论与控制工程，1999.

[16] 琚亚平，张楚华. 基于人工神经网络与遗传算法的风力机翼型优化设计方法[J]. 中国电机工程学报，2009，29(20)：106-111.

[17] Grady S A, Hussainia M Y, Abdullah M M. Placement of wind turbines using genetic algorithms[J]. Renewable Energy, 2005, 30(2): 29-270.

[18] Dufo-López Rodolfo, Bernal-Agustín José L. Design and control strategies of PV-Diesel systems using genetic algorithms[J]. Solar Energy, 2005, 79(1): 33-46.

[19] Kalogirou Soteris A. Optimization of solar systems using artificial neural-networks and genetic algorithms[J]. Applied Energy, 2004, 77(4): 385-405.

[20] 顾伟,李丽莉,黄志毅,等.飞机操纵面故障的模糊差分进化识别方法[J].计算机应用研究,2010,(5).

[21] 刘小雄,章卫国,李广文.基于智能解析余度的容错飞控系统设计[J].传感技术学报,2007,(8).

[22] 李长征,雷勇.基于遗传算法的航空发动机性能曲线逼近[J].测控技术,2009,28(1):92-94.

[23] CRESSLEY W A. Optimization for aerospace conceptual design through the use of genetic algorithms [C]: Proceedings of the First NASA/ DOD Workshop on Evolvable Hardware, CA,USA, 1999. Pasadena: 200-207.

[24] Kobayashi Takahisa, Simon Donald L. A Hybrid Neural Network-Genetic Algorithm Technique for Aircraft Engine Performance Diagnostics, NASA/TM—2001-211088 [R]. American Institute of Aeronautics and Astronautics, 2001.

[25] Venter G, Sobieszczanski-Sobieski J. Multidisciplinary optimization of a transport aircraft wing using particle swarm optimization [J]. Structural and Multidisciplinary Optimization, 2004, 26(1): 121-131.

[26] 丁卫东,尉宇.基于遗传算法的机械零部件可靠性优化设计[J].机械设计,2003,20(3):48-49,60.

[27] 徐小力.旋转机械的遗传算法优化神经网络预测模型[J].机械工程学报,2003,39(2):140-144.

[28] 张文.基于粒子群体优化算法的电力系统无功优化研究[D].山东大学电力系统及其自动化系,2006.

[29] 郭卫,赵栓峰,杨桂红.基于遗传算法的叠簧弹性联轴器的模糊优化设计[J].机械传动,2004,28(4):13-16.

[30] Dasgupta D, McGregor D R. Thermal unit commitment using genetic algorithms [J]. Generation, Transmission and Distribution, IEE Proceedings-, 1994, 141(5): 459-465.

[31] YOSHIDA H, KAWATA K, FUKUYAMA Y, et al. A Particle Swarm Optimization for Reactive Power and Voltage Control Considering Voltage Security Assessment: Power Engineering Society Winter Meeting, 2001 [C]. IEEE, 2001: 492-498.

[32] Meneses AAM, Machado MD, Schirru R. Particle Swarm Optimization applied to the nuclear reload problem of a Pressurized Water Reactor[J]. Progress in Nuclear Energy, 2009, 51 (2): 319-326.

软件技术人才培养现状及对策

黄国兴

摘　要　文章提出了软件人才的培养是发展我国软件产业的关键，培养足够数量的、高素质的信息技术人才是实现社会信息化的保证。文中对我国的软件人才培养的学历教育和上海的社会培训机构提供的非学历培训现状进行了分析，指出高等学校应该在培养目标的调整、师资力量的配备、实践环节的提升等方面进一步加强；而上海的非学历教育则应该更注重培养具有国际视野的高层次人才，同时应该提倡有行业针对性的专业教育。

关键词　软件人才；IT 教育；专业培训

Present Situation and Countermeasure for the Educated Personnel in Domain of Software Technology

HUANG Guo-xing

Abstract　This article described that the key of the development of software industry is to educate software talents in our country, meanwhile, developing a great deal of well educated and information-technology talents is also the safeguard for an information-based society. In this article, we analyze the actual state of the education with record of formal schooling for the software talents in China and the education for Non-record of schooling that provided by some social software training institution in Shanghai, and suggest that some colleges or universities should pay more attention to adjusting the education goal of software talents, equipping more excellent teachers and improving the ability of practice. Especially, the education for Non-record of schooling, in Shanghai, should attach more importance to cultivate high-level persons with global vision, at the same time, it should also provide professional education about some pertinent domain.

Key Words　Software Talents, IT Education, Professional Training

引言

中国开始进入信息化社会，而信息化社会的基本特征之一就是具有足够数量的、高素质的信息人才，这些人是实现社会信息化的保证和原动力。温家宝总理指出："中国要抢占未来经济科技发展的制高点，就不能总是跟踪模仿别人，也不能坐等技术转移，必须依靠自己的力量拿出原创成果。"因此，培养足够数量和有质量的软件人才也成为我们国家的当务之急。根据国家的软件产业发展规划，每年的软件人才缺口为25万人左右。而我国的软件人才培养主要有两个渠道：学历教育和社会培训机构提供的非学历培训。

1　学历教育软件人才培养现状分析

高等院校信息类学科的学历教育应该致力于培养能满足信息化社会需要的一大批有扎实的信息技术基础知识和应用能力的骨干。事实上信息化社会中所需要的计算机人才是多方位的，不仅需要研究型、设计型的人才，而且需要应用型的人才；不仅需要开发型的人才，而且需要维护型、服务型、操作型的人才。每一个大学培养目标的定位也应该根据自己的特点和社会的需要重新考虑。

1.1　基本数据

计算机技术是信息化的核心技术，全国1 908所高校中，本科高校近1 000所。截止到2009年，共有700余所学校开办有计算机本科专业，另外和计算机科学技术专业关系密切的信息与计算科学有370余所学校开设，电子信息工程专业有360余所学校开设，这两个专业也在不同程度上为国家提供软件专业人才。截止2009年，计算机专业本科生在校人数超过40万，占工科本科生总人数的11.7%，专科生的情况也和本科类似。作为我们国家未来软件人才主要来源的大学教育，它目前的状态是否能够适应这项重要的任务，也是大家关注的。

1.2　计算机软件技术人才学历教育现状分析

按照教育部的划分，"计算机类专业"包括计算机科学与技术、软件工程、网络工程。"信息技术相关专业"包括：地理信息系统、电气信息工程、电子信息工程、电子信息科学与技术、光信息科学与技术、生物信息学、通信工程、微电子学、信息安全、信息对抗技术、信息工程、信息与计算科学、自动化。这些专业加起来的学生数量占全国所有理工科学生总量的1/3。但由于多方面的原因使现在计算机类专业的毕业生专业特色不明显，较难适应社会的多种需要，具体表现在以下几个方面：

1）学生人数的迅速增加给学以致用带来了新的课题

经过十几年发展我国已成为本科教育强国和研究生教育大国，实现了从精英教育到大众化高等教育的转变。由于学生人数的增加，教学形式也从以往以小班为主的教学变成以大班为主，课后的辅导和实验的安排也由于各种原因而欠周全。这就使得学生在学习过程中有许多环节被忽视，使工科专业的学生（包括计算机技术专业）在毕业后很难马上胜任社会对学生就业的需求。另一个原因是学校科学对教育部和政府负责而不是对产业负责，如果学校的考核和评价体系无法完成转变，就无法从机制上保证产业界和学校的良性互动。

2）学校的教学管理人员对到底要教什么，培养的学生能做什么不清楚

大学在教学管理上抓得都很严，大多数院校的计算机专业都有比较完善的教学大纲、教学计划和进度表、教学档案等。但每个学校对计算机技术专业究竟要教点什么却并不十分清楚，大部分学校都是人家教什么，自己学校也教什么。实际上确定自己学校的教学内容最有效的办法就是明确自己的毕业生的主流就业岗位，考虑教给他们什么内容能最好的适应岗位的要求。

3）学校培养目标存在误区

国内许多一般院校将“考研比例”作为办学效果的一个突出指标，这些学校把很多时间花在指导学生“考研”。但这些学校的研究生升学率充其量也只能达到30%，这样培养的结果会使70%的学生学非所用。正确的做法应该是从社会需求出发，把对信息科学技术专业学生的训练转向注重综合应用能力、开发能力的培养。

4）师资队伍整体素质亟待提高

现在许多学校承担本科第一线教学工作的大多为青年教师，这支队伍除了在工作经验和态度方面与老教师相比尚有差距外，他们中有许多人没有时间和机会得到在职培养和提高，难以有精力创造性地完成教学内容和任务。

5）实验设施和工作条件基本完善，但实验内容不尽如人意

高等院校近几年来基本建设的规模有目共睹，新的大楼、新的机房、装备精良的实验室一应俱全。但设施条件的改善不完全等于教学实验环节的加强。高质量实验的设计、合格实验指导人员的配备，是大部分学校提升实验环节质量的瓶颈。

2 软件人才的非学历培养现状分析

2.1 基本状况分析

据统计，最近几年，上海的软件从业人员基本上以30000人/年的速度增加，在

这30000人的年增长中，本地的高校毕业生大概为10000多人，其中从事软件专业的大概在5000人左右，外地人才引进不到10000人。那么另外的人才缺口，就主要来自社会职业培训机构。

可以这样说，上海软件人才无论在数量还是质量上，都存在供不应求的情况。高等院校的毕业生进入软件企业后必须经过3～6个月的再培训，才能跟上班。而企业觉得可供人才与自己的要求有差距，企业急需可以即招即用的人才。

另一种状况是人才的层次、岗位划分不明显，造成人力资源浪费。例如一个专业岗位，大专生经过培训可以做，但企业一定要招本科生，觉得这样的员工可塑空间比较大，实际上这是一个误区。在一个有一定规模的软件企业中，需要有项目经理、构架师、软件分析师等管理和统筹人员，但总数不超过20%。而其他大量需求的是设计师、程序员、评测师等等，大概占到一个项目组总人数的80%左右。现在企业普遍缺少构架师、软件分析师等中高端软件人才。

2.2　上海培训教育的基本类型

上海的培训教育大致分成以下几类(不包括一般普及知识的上岗培训)：

1）中高级软件管理人才培训

这类培训主要针对中高级软件人才，上海具有计算机信息系统集成资质认证单位170余家，具有CMMI3级以上国际认证资质的单位有110多家，这些单位的高层管理人员、项目经理需要不断补充关于项目管理、系统集成等方面的知识，属于中高端培训项目，有一定市场。

2）软件技术人员培训

针对工程师、程序员等中间人才，注重新技术的介绍和新产品应用实例的讲解。这类培训比较偏重实践动手能力，内容随产品的更新换代，或者技术的发展而及时更新，其考核方法是资质考试，把技能、职业素质、结合最后做一个项目，进行综合评价，取得考核合格。这类培训的目标是为软件企业培养中坚人才。

3）专题培训

这类培训主要跟信息化建设密切相关，包括电子政务、电子商务、ERP、地理信息系统、信息安全等等。这部分培训大部分与政府有关部门或某个行业有关，目的是配合政府推进信息化工作的需要，这类培训的很大部分是公益性的，对社会信息化的推动和促成有关领域急需问题的解决也有比较好的效果。

4）对大学毕业生就业前的技术培训

培训机构针对学生的特点和企业的要求，通过所谓“快、狠、准”的职业培训来解决学校毕业的学生所具有的知识技能和企业要求脱节的问题。这类培训开始很受学生特别是高职高专和一般本科高校毕业生的欢迎，但近期由于各培训机构一拥而上，培训质量又良莠不齐，造成学生对这类培训的逆反心理。

5）普及信息技术知识技能的大众化培训

上海在普及信息技术知识技能的大众化培训方面做了很好的工作，对推动社会信息化起了很大的作用。例如“紧缺人才培训工程”和劳动局的技能培训项目等。在信息化普及方面，上海走在全国前列，但“提高”方面还有待创新。

3 软件人才学历教育培养对策

十七大报告指出，教育应该注重“优化教育结构，促进义务教育均衡发展，加快普及高中阶段教育，大力发展职业教育，提高高等教育质量”。提高高等教育的质量应该体现在大学的专业首先应该满足国家安全和社会发展的需要。为此，高等院校软件人才的培养应该在以下几个方面努力：

3.1 软件人才的培养应以国家和社会需求为目标

党的十六大提出“加快信息化进程，用信息化带动工业化”，十七大后又提出“信息化和工业化的融合”目标，软件人才的培养必须充分考虑并服务于这些宏伟目标。这些目标有两个层面，一是要培养能在信息技术的新一轮发展中挑大梁的领军人才，二是要培养大批能胜任信息化社会各类需要的骨干人才。为此，高等院校的相关专业应该进行认真的定位，根据学校的特点和周边环境的具体情况制定出适合本校特点的培养目标。教育管理部门应该改变观念，允许每个高校计算机相关专业的错位互补发展，不能再像以前那样搞“一刀切”。

3.2 应该强调面向应用的培养模式

大多数学校的软件工程教育应该强调面向应用的培养目标，对本科院校，应主要定位于面向中高级软件人才的培养；对于专科类的信息技术学院和职业技术学院，主要面向软件初、中级工人的培养。

3.3 应该充分重视计算机软件专业的实践性特点

计算机软件技术教育不仅要重视扎实的专业基础理论学习，更要强调系统设计、软件开发能力培养。应该提倡学校和有一定资质的企业建立战略教育合作关系，在学校设立实习基地，聘请企业的技术人员和管理人员作为课程讲师等对提高学生实践能力有益的举措。政府除了鼓励企业和学校结盟外还应当考虑企业的利益，例如给企业适当免税等。另外，也可以考虑在大学比较集中的地区，在有条件的学校建立大规模的共享实验基地，更高效地发挥先进设备和实验人员的作用。

3.4　师资队伍建设是保证软件人才培养质量的关键

有研究认为我国在计算机教育方面与发达国家的差距主要表现在美、英等国大学计算机技术相关专业教师的整体水平远高于国内计算机技术相关专业教师的整体水平。软件技术专业的教师最缺的就是实际工作经验，现在在高等院校任教的老师大部分都没有软件企业的工作经验，要他们能够把握软件开发的实际流程和掌握项目管理的要素也是勉为其难。为了改变这种状况，上海市经济和信息化委员会曾设立专项，安排过针对高校软件技术青年教师的培训，鼓励他们走出校门去学习国外大型软件企业的实际经验，这种做法对提高青年教师业务能力的提高十分有益，值得坚持和推广。

3.5　注重有关领域知识的教育

一个合格的软件技术人才除了专业知识外掌握某一行业领域知识的要求越来越被企业看重。企事业单位和国家信息系统的建设与运行，需要高校培养大批既有软件技术专业知识又有和企事业单位业务领域有关知识的人才。高校计算机软件专业在对学生领域知识的传授方面几乎是空白，必须在专业教育中大力提倡鼓励学生在学期间努力学习自己感兴趣的相关领域知识，为将来更好地为社会服务打好基础。

4　软件人才非学历教育培养对策

上海是一个具有很高目标定位的国际大都市，又将信息产业作为支柱性产业，对软件人才有大量的市场需求，但现在企业普遍反映招不到合适的软件人才。实际上这种人才紧缺是一种“结构性”紧缺，企业缺的是国际型人才、高端人才、复合型人才、能够和现代工商企业结合的人才。但这类人才需求和高等院校培养出的计算机软件专业人才之间还有一些不小的距离。要解决这类问题，专业培训是一种有效的方法。

4.1　高级人才培养

要使我国在短期内孕育出一批具有国际竞争力的软件企业，高端管理人才是关键。为此，上海应该考虑联合企业、高等院校的商学院和软件学院组建一个新型的培训实体，制定一套符合上海软件产业中长期发展战略的高级管理人才培养方案，这套方案应该注意使商业管理与技术管理相互融合，通过将管理思想与行业特性结合，加强技术型企业的高级管理人员的商业管理水平和对技术发展的高度敏感性,其主要培养目标就是使受训者成为软件企业的CEO和CTO。

4.2 积极推动有行业针对性的专业培训

现阶段社会、高校、企业三种培养机制很难转变,但三方面合作是有可能的。政府应该鼓励和推动具有不同行业特点的技术培训。这类培训大部分的教师应该来自市场一线,他们掌握许多非常实用的技术,部分理论性的课程可以由高校教师承担。这样培养出来的软件人才既有比较扎实的理论基础,又有很强的动手能力,学习内容都和企业正在进行的工作紧密有关,学成后可以马上应用到企业当中去,应该会受企业欢迎。

4.3 提倡针对软件从业人员不同岗位的短期专业培训

软件企业的工作人员在整个工作过程中是分等级的:项目经理、架构师、分析师、工程师、开发师、软件设计师、软件编程员等等,而编程又分高级程序员和一般程序员,分工非常明确。然而目前由于人员的数量和质量都没有达到要求,很多软件企业的岗位之间没有明确的划分,有些企业一个人从头干到底,没有大规模地协作性生产的意识。要解决这个问题一定要考虑对软件从业人员的岗位分工和职业培训。具体的培训内容应该针对软件企业工作特点进行细分,形成生产流水线以提高效率。企业可以联合高校和培训机构针对不同的岗位进行短期岗位职业培训,使这些受训者成为软件工程流水线上的一名合格员工,使软件生产实现规模化和流水线化。

4.4 注意和国外企业的合作

我们应该在立足政府、社会、本土企业的基础上力求和一些有影响力的企业合作,借鉴他们的经验培训国内的软件人员。除了关注印度、爱尔兰等国家一些企业和培训机构外,还应该和微软、IBM、ORACLE、SAP等有代表性的国际企业合作,使我们培训的内容保持与国际同步。

4.5 提高培训行业的整体水平

据上海市信息化培训协会的统计,在上海由各类培训机构颁发的证书将近400种。另外,由于一些体制原因,上海还有紧缺人才系列、劳动局系列、人事局培训系列等和政府关系密切的各类培训。这些不同培训如何协调进行,各类资源如何共享等问题也亟待解决。有人建议是否可以考虑在政府指导的各类培训间建立公共平台。

5 结束语

上海是一个开放的城市，提出"2015 年要达到发达国家水平"。在这样的背景下，上海将来的人口会增加，城市规模会进一步扩大，她需要庞大的交通、商业、金融系统支持，而信息技术正是上海庞杂的社会体系的有效支撑手段。但是再好的技术也是需要人去操控的，培养大批合格的信息化技术人才是当务之急。软件人才的来源一定是通过学历和非学历两种渠道，我们应该切实加强这两个渠道的工作，确保上海在未来的发展中能有足够数量和质量的软件人才担当起社会信息化的重任。

参考文献

[1] 温家宝.关于发展社会事业和改善民生的几个问题[J].求是，2010，7.
[2] 陈冲.中国软件产业发展现状与趋势[J].软件产业与工程，2008，10.
[3] 黄国兴.信息技术人才培养之我见[J].计算机教育，2009，16.
[4] 黄国兴，陶树平，丁岳伟，等.计算机导论[M].北京：清华大学出版社，2009.
[5] 中国计算机科学与技术学科教程 2002 研究组.中国计算机科学与技术学科教程 2002[M].北京：清华大学出版社，2002.
[6] 邵志清.2009 年上海软件产业发展研究报告[M].上海：上海教育出版社，2009-7.
[7] 上海市经济和信息化委员会.2009 上海信息化年鉴[M].2009-8.
[8] 杜小丹，等.高素质应用型软件服务外包人才培养模式探索[J].计算机教育 2010，14.

第3章

相关研究成果

传感网与物联网的进展与趋势

自然计算发展趋势研究

基础软件技术发展趋势

软件技术发展趋势研究

自然计算在九大高新技术领域的应用

软件工程若干技术发展新趋势研究

软件技术发展现状研究

传感网与物联网的进展与趋势

朱仲英《微型电脑应用》,2010(1)

摘　要　该文概括地论述了当前IT前沿技术中的热点:传感网、物联网的由来、进展与趋势,阐述了从因特网到物联网,从数字化、网络化到智能化的进展与融合,以及它们的汇聚所引发的IT第三次浪潮对产业革命和社会发展的影响与作用;文中提出传感网接入因特网技术,是当前IT前沿技术攻关的瓶颈,并由此引出了物联网与智慧地球的新理念和战略性新兴产业;文中分析了物联网向融合化、嵌入化、可信化、智能化发展的技术趋势和向标准化、服务化、开放化、工程化发展的管理应用趋势。

关键词　传感网;物联网;射频识别;无线通信;智慧地球

Progress and Trends of Sensor Network and Internet of Things

ZHU Zhong-ying《Microcomputer Applications》, 2010(1)

Abstract　This paper briefly discusses the current cutting-edge IT technology hot spots: the origin, progress and trends of Sensor Network and Internet of Things, elaborated from the Internet to the Internet of Things, from digitization, networked to the intelligent progress and integration, as well as the third IT tidal wave triggered by their convergence for the influence and role of Industrial Revolutionary and society development. Moreover, the technology of Sensor Network connected to internet proposed in this paper is the bottleneck of the current leading-edge IT technology research, and thus the new philosophy of Internet of Things and Smarter Planet and strategic emerging industries are leaded by it. At last. Sensor Network will develop to the technology trends of convergence, embeddedness, credibility, intelligence and to management application trends of standardization, service, openness, engineering.

Key words　Sensor Network, Internet of Things, Radio Frequency Identification, Smarter Planet

自然计算发展趋势研究

汪镭，张永韡，郭为安，吴启迪《微型电脑应用》，2010(7)

摘　要　本文对自然计算的内涵进行了分类归纳，包括进化计算，生物启发计算，群体智能等，指出了各子类最显著的特点。在此基础上，介绍了自然计算最主要研究领域的发展趋势。讨论证实了自然计算的有效性、内涵的丰富性及其巨大的发展空间。

关键词　自然计算；进化计算；生物启发计算；群体智能

On Development Trends of Nature Inspired Computing

WANG Lei, Zhang Yong-wei, Guo Wei-an, Wu Qi-di
《Microcomputer Applications》, 2010(7)

Abstract　The content of Nature Inspired Computation (NIC) is classified, including Evolution Computing, Biologically Inspired Computing, Swarm Intelligent etc., whose most significant characteristics is indicated. The development trends of the most major research fields of NIC are introduced. The discussion verified the effectiveness, richness of contents and wide development spaces of NIC.

Key words　Nature Inspired Computing, Evolution Computing, Biologically Inspired Computing, Swarm intelligent

基础软件技术发展趋势

虞慧群，钱之琳，朱仲英《微型电脑应用》，2010(8)

摘　要　本文从分析基础软件的基本概念和特性出发，对基础软件的内容、需求、技术、产品等方面进行了系统论述。论文探讨了现有的主流开发技术及未来的发展趋势。通过分析现有部分国产软件系统在一些典型领域的应用，揭示我国基础软件发展的现状和难题，为现有国产基础软件产业的发展提供决策参考。

关键词　基础软件；软件工程；软件服务；软件产业

Technique Development Trends of Foundational Software

Yu Hui-qun, Qian Zhi-ling, Zhu Zhong-ying
《Microcomputer Applications》, 2010(8)

Abstract　This paper surveys various aspects of foundational software, including basic concepts, characteristics, contents, requirements, techniques and products. Main streams of foundational software, as well as future development trends are addressed. Based on analysis of typical application domains, we explore the current situation and limitation of foundational software development in China. This survey aims to assisting decision making for domestic foundational software industry policy.

Key words　Foundational Software, Software Engineering, Software Service, Software Industry

软件技术发展趋势研究

朱仲英，虞慧群，王景寅，尤晋元，高毓乾《微型电脑应用》，2010(9)

摘　要　软件技术是信息技术产业的核心之一，也是软件产业、信息化应用的重要基础。当前，信息技术正处于新一轮重大技术突破的前夜，它将有力地推动信息产业、软件产业的发展，同时会对软件技术提出新的需求，也必将引发软件技术的重大变革。文章通过对影响软件技术发展主要因素的分析，认为近期软件技术的发展趋势是以网络化、融合化、可信化、智能化、工程化、服务化为特征，并且呈现出新特点与新内涵，以适应软件产业对软件技术的新要求。文中详细诠释了软件技术发展趋势的新特点和新内涵。最后指出，软件产业的发展必须以软件技术为基础，软件技术的发展必然以软件产业为动力。

关键词　软件技术；互联网；融合；智能；服务

Research on Trends of Software Technology Development

Zhu Zhong-ying, Yu Hui-qun, Wang Jing-yin , You Jin-yuan,
Gao Yu-qian《Microcomputer Applications》, 2010(9)

Abstract　Software technology is not only the core of information technology industry, but also the important foundation of software industry and information applications. Nowadays, information technology which is on the eve of the breakthrough of a new round critical technology will greatly push the information industry and software industry forward to new development, put new requirements for software technology and also certainly lead to momentous changes in software technology. Through the analysis of main factors of affecting software technology development, this paper presents that software technology is quickening towards networking, convergence, trustworthy, intelligence, engineering and servicing. And new features and new connotations of the trends of software technology development are interpreted in detail. Finally, it is pointed out that software technology serves as the foundation of software industry, while software industry is the driving force for development of software technology.

Key words　Software Technology, Internet, Convergence, Intelligence, Service

自然计算在九大高新技术领域的应用

汪镭，张永韡，吴启迪《微型电脑应用》，2010(10)

摘　要　本研究对自然计算的内涵进行了分类归纳，包括进化计算，生物启发计算，群体智能等，指出了各子类最显著的特点。在此基础上，介绍了自然计算在国内外九大高新技术领域的应用现状。分析国内外应用的差距与优势，提出相应的改进意见。讨论证实了自然计算的有效性，内涵的丰富性，最后对自然计算进一步的应用前景进行了总结与展望。

关键词　自然计算；进化计算；生物启发计算；群体智能；九大高新技术；新能源；制造业；新材料

On Development Trends and Applications of Nature Inspired Computing

Wang Lei, Zhang Yong-wei, Wu Qi-di
《Microcomputer Applications》, 2010(10)

Abstract　The content of Nature Inspired Computation (NIC) is classified, including Evolution Computing, Biologically Inspired Computing, Swarm Intelligent etc., whose most significant characteristics is indicated. The state-of-the-art applications of Natural-inspired Computation technology in the key nine high-tech fields, including domestic and foreign, are summarized. The advantages and disadvantages between the corresponding domestic and foreign research fields are compared and the suggestion for improvement is given. The discussion verifies the effectiveness, richness of contents of NIC. Finally, the further application prospects are summarized and forecasted.

Key words　Nature Inspired Computing, Evolution Computing, Biologically Inspired Computing, Swarm Intelligent, Nine High-tech Fields, New Energy, Manufactory Industry, New Material

软件工程若干技术发展新趋势研究

李光亚《微型电脑应用》,2010(11)

摘　要　文章从软件构件、软件生产线和可信软件这三个目前比较热门的技术入手,分析了目前软件工程领域的若干新技术的方向及发展趋势,同时也分析了目前的现状,提出上海在这方面十二五期间的建议。

关键词　软件构件;可信软件;软件生产线;软件复用;软件工程

Survey on Some New Trends of Software Engineering

Li Guang-ya《Microcomputer Applications》, 2010(11)

Abstract　Based on the current hotspot techniques such as software component, software product line and trusted software, this paper analyses the development direction and tendency of these techniques in the fields of software engineering, and also related proposals during the Twelfth Five-Year period in Shanghai.

Key words　Software Component, Trusted Software, Software Reuse, Software Engineering

软件技术发展现状研究

高毓乾，朱仲英《微型电脑应用》，2010(12)

摘　要　通过对国内外软件技术与产业现状的分析，对影响软件技术发展主要因素的分析，认为近期软件技术的发展趋势是以网络化、融合化、可信化、智能化、工程化、服务化为特征，并且呈现出新特点与新内涵。文中在对上海市软件及产业的现状、特点与趋势进行分析后，提出了上海市软件技术及产业发展的对策建议。

关键词　软件技术与产业；发展现状；互联网；服务；上海

Research on Present Development Status of Software Technology

Gao Yu-qian, Zhu Zhong-ying
《Microcomputer Applications》, 2010(12)

Abstract　This paper analyzes software technology and current development status of industry in both China and abroad, as well as main factors of affecting software technology development, It is considered that present software technology is quickening towards networking, convergence, trustworthy, intelligence, engineering and service. New features and new connotations of the trends of software technology development are interpreted in detail. After analysis of the present development situation, features and trends of software and industry in Shanghai, the countermeasures and advices for the software technology and industry development are proposed.

Key words　Software Technology and Industry, Current Development Status, Internet, Service, Shanghai